石油工业温室气体
核算与碳资产管理指南

闫伦江　主编

石油工业出版社

内 容 提 要

本书全面介绍了中国碳排放管控和碳交易市场的政策现状和发展趋势，系统解析了石油行业相关温室气体核算技术标准，阐述了碳资产管理的现状与管理实践以及石油石化行业碳排放管理体系建设等方面的内容，可供石油石化行业从事低碳管理相关的管理人员和研究人员参考阅读。

图书在版编目（CIP）数据

石油工业温室气体核算与碳资产管理指南／闫伦江主编. — 北京 ：石油工业出版社，2020. 1
ISBN 978-7-5183-3793-4

Ⅰ．①石… Ⅱ．①闫… Ⅲ．①石油工业-温室效应-有害气体-大气扩散-统计核算-中国-指南②石油工业-二氧化碳-废气排放量-市场管理-中国-指南 Ⅳ.
①X51-62

中国版本图书馆 CIP 数据核字（2019）第 275577 号

出版发行：石油工业出版社
　　　　　（北京安定门外安华里 2 区 1 号　100011）
　　　　　网　　址：www. petropub. com
　　　　　编辑部：（010）64523738　图书营销中心：（010）64523633
经　　销：全国新华书店
印　　刷：北京中石油彩色印刷有限责任公司

2020 年 1 月第 1 版　2020 年 1 月第 1 次印刷
787×1092 毫米　开本：1/16　印张：10. 25
字数：220 千字

定价：98. 00 元

《石油工业温室气体核算与碳资产管理指南》

编 委 会

主　编：闫伦江

编写人员：袁　波　王淑梅　卢明霞　王嘉麟　曲天煜
　　　　　梁林佐　马建国　张　旭　喻　干　丁　毅
　　　　　梁兵兵　于笑丹　舒小琳　陈昌照　范　巍
　　　　　刘安琪　马霄慧　王曦敏　熊焕喜　李清斌
　　　　　袁立凡

前　　言

　　气候变化已经成为国际社会普遍关注的全球性问题，是关系各国经济和社会可持续发展的重要因素。2014 年《中美气候变化联合声明》中首次提出中国将在 2030 年左右达到二氧化碳排放峰值且将努力早日达峰。同时中国在应对气候变化国家自主贡献（INDC）文件中明确提出，2030 年单位国内生产总值二氧化碳排放比 2005 年下降 60%～65%，非化石能源占一次能源消费比例达到 20% 左右等一系列低碳发展目标，向国际社会展现了中国主动承担应对气候变化责任的态度，有力地推动了《巴黎协定》的达成。

　　2016 年 11 月 4 日《巴黎协定》正式生效，确立了全球应对气候变化长期目标，标志着全球气候治理进程进入新阶段。落实《巴黎协定》，兑现中国所做出的庄严承诺，不仅有助于缓解国际社会对中国所施加的巨大压力，扩大对外经济技术合作的空间，提高中国在全球气候治理中的话语权，更是中国建设生态文明和美丽家园，造福本国人民和子孙后代，实现伟大中国梦的内在需要。《巴黎协定》为中国节能减排、走绿色低碳发展之路提供了外在制度约束，增添了外部压力和动力，也为中国的结构转型和绿色发展带来新的机会。

　　同时，《巴黎协定》生效当日，国务院发布《"十三五"控制温室气体排放工作方案》。《巴黎协定》必将对中国能源领域未来的发展带来深刻影响和剧烈变革，包括能源供给侧结构性改革势在必行，能源行业碳排放零成本时代一去不复返，碳定价时代或将加速到来，化石能源企业面临痛苦转型，非化石能源发展迅速以及化石能源时代会在煤炭、石油、天然气等不可再生的化石能源资源枯竭之前结束。如何迎接这一深刻变化带来的挑战与机遇是目前摆在国际能源集团面前的重大战略问题。

　　而随着全球气候治理与可持续发展，绿色发展逐渐成为人们共识，实施碳定价机制的国家和区域越来越多，对碳排放权的定价开始成为普遍预期，开始为碳资产管理赋予更多的内涵，并对未来可能面对的环境成本进行相应的风险管理。与此同时，由于温室气体排放的同质性特点且排放权益的定价机制较为明确，开展碳资产管理并对企业温室气体排放开展碳披露也成为大型集团企业尤其是国际能源集团应对气候变化、实施可持续发展战略成果的重要衡量指标。

术语英文缩写

ABS　资产证券化

API　美国石油学会

BSI　英国标准协会

CCAC　气候与清洁空气联盟

CCER　中国经核证的减排量

CCS　碳捕获及储存

CCUS　碳捕获、利用和储存

CDM　清洁发展机制

CDP　碳披露项目

ETS　碳排放权交易系统

EU-ETS　欧盟碳排放权交易体系

GDP　国内生产总值

GHG　温室气体

GRI　全球报告倡议组织

GS　黄金标准

HSE　健康、安全、环境

IEA　国际能源署

INDC　国家自主贡献

IPCC　联合国政府间气候变化专门委员会

IPIECA　国际石油行业环境保护协会

ISO　国际标准化组织

MRV　监测、报告、核查

NGO　非政府组织

NMVOC　非甲烷挥发性有机物

OGCI　油气行业气候倡议组织

PAWP　巴黎协定工作计划

RGGI　区域温室气体减排倡议

tCO_2e　吨 CO_2 当量

UNFCCC　联合国气候变化框架公约

VER　自愿减排标准
VOC　挥发性有机物
WBCSD　世界可持续发展工商理事会
WRI　世界资源研究所

目　　录

绪　　论

　　温室气体排放引起气候变化直接威胁到人类的生存和发展，控制温室气体排放已达成共识。《京都议定书》提出通过引入市场机制的方式实现温室气体排放总量控制，减缓气候变化，而碳交易和碳税为通过环境权益定价方式修正环境负外部性影响的设想提供了理论基础。在碳交易机制影响不断扩大的同时，碳税成为碳交易机制之外的一种重要的碳定价机制。碳税是对排放量（主要是碳）征收的税，上游或下游都适用。因此，碳税的高低显然与燃油的碳含量相关，但不能保证以某个标准水平减排。自1992年达成《联合国气候变化框架公约》、1997年达成《京都议定书》以来，人类社会应对气候变化历史上第3个具有法律约束力的协议《巴黎协定》于2016年11月4日正式生效。在上述制度框架下，为应对气候变化，防止全球气候变化产生灾难性的和不可逆转的破坏，在大幅度和持续地减少温室气体排放方面，国际社会做了大量工作。目前，应对气候变化的全球格局基本形成：国际谈判推动全球应对气候变化工作正有序开展；除了联合国气候变化框架，世界范围内的双边和多边框架下的应对气候变化国际合作也取得较显著的成果；《巴黎协定》的签订生效影响深远；碳市场作为全球应对气候变化的重要手段发展非常迅速，截至2018年底，已有45个国家及25个地区开展或计划开展碳定价活动；应对气候变化治理的全球格局基本形成并且不会因美国退出而发生改变。

　　最新的国际动态是第23届联合国气候变化大会在波恩顺利召开，通过了"斐济实施动力"系列成果，一是就《巴黎协定》实施问题形成了细则方案；二是盘点了《巴黎协定》的落实情况；三是进一步明确了2018年促进性对话的组织方式，将2020年前的安排列入了议程。而2018年12月联合国卡托维兹气候变化大会（COP24）则成功通过大部分"巴黎协定工作计划"（PAWP）的内容，并产出"卡托维兹文件"（Katowice Package），大会对下一步落实《巴黎协定》、加强全球应对气候变化的行动力度作出进一步安排。

　　在国内，因碳排放量过于庞大，中国在应对全球气候问题上一直遭受国际压力，发展低碳经济是中国的必然选择。可以看到，中国高度重视气候变化问题，已把积极应对气候变化作为国家经济社会发展的重大战略，把绿色低碳发展作为生态文明建设的重要内容。早在2007年6月，中国政府就发布了《中国应对气候变化国家方案》，这是发展中国家第一个应对气候变化的国家级方案。而 2015 年 6 月 30 日，中国向《联合国气候变化框架公约》(UNFCCC)秘书处提交了中国的国家自主贡献文件，约定到 2030 年中国的单位国内生产总值(GDP)碳强度将比 2005 年下降 60%~65% 的减排目标，这代表着中国对国际社会的庄严承诺，也是当前中国温室气体管控各项政策机制设计的主要前提。同时，在《巴黎协定》签订生效后的新形势下，借美国后退机会，中国以有担当的大国姿态利用提升中国的大国影响力的契机，落实《巴黎协定》的目标和任务更加义不容辞。为完成上述国际减排承诺，中国发布了一系列政策及低碳举措。

早在 2010 年 10 月国务院下发的《国务院关于加快培育和发展战略性新兴产业的决定》，在第八条"推进体制机制创新"中，"碳交易"首次正式以官方文件出现，文件同时提出要"建立和完善主要污染物和碳排放交易制度"。自"十二五"以来，国家每年均出台碳交易建设相关重要政策性文件。2017 年 12 月 19 日，国家发改委印发《全国碳排放权交易市场建设方案(发电行业)》，标志着中国碳排放权交易体系完成了总体设计并正式启动。目前，国家顶层设计层面已完成《全国碳排放权交易管理条例(草案)》并提交法制办立法。目前，中国首批碳排放权交易七个试点地区共纳入排放企业 2000 多家，发放的总配额约为每年 12 亿吨，其中免费发放的配额约占 99%。试点碳市场主要有以下特点：一是供需基本平衡，公开交易价格趋于平稳。二是试点地区履约率高，七个试点在运行了 4~5 个履约期后，已基本全部完成年度履约。碳交易试点的经验为全国碳市场的建立提供了强有力的保障。

上述承诺和措施不仅反映出中国政府在温室气体减排的决心，也说明高排放行业企业将不得不承担国家低碳战略带来的系列碳约束及风险。在约束性目标及政策支持下，中国碳市场呈现如下特点：中国坚定应对气候变化战略不动摇；碳排放法规标准体系逐步完善；试点碳排放权交易体系总体运行良好；全国碳市场正式启动并出具清晰的路线图。2018 年 4 月 16 日，应对气候变化的职能由国家发展和改革委员会转隶至整合政府部门生态环境保护职责的生态环境部，部门机构重组延缓了全国碳市场建设，但未来我国生态环境保护政策、立法将更为协调和统一，为加快全国碳市场建设提供坚实基础和有力保障。

另外，国家碳约束政策会将温室气体排放的负外部性影响转化为企业和消费者的成本，企业的经济绩效和市场竞争力也将在此环境下受到考验。石油工业是国民经济的重要部门，目前中国的石油工业与国际同行仍有差距，低碳竞争力不足。在国内外低碳形势及行业背景下，石油工业面临着巨大挑战和压力。作为主要的高碳排放行业，石油工业排放总量较大，约占全国温室气体排放总量的 15%；在低碳发展背景下，国家的温室气体减排承诺需要石油工业的减排贡献。根据《关于国民经济和社会发展第十三个五年规划纲要的决议》中提出的"未来五年要有效控制电力、钢铁、建材、化工等重点行业碳排放"及《"十三五"控制温室气体排放工作方案》提出的中国温室气体排放控制目标，我们能做出以下基本判断：石油行业有很大可能在全国碳市场运行平稳后作为控制排放行业被优先纳入。可见，无论是迫于气候立法环境变化、碳市场履约压力还是供应链体系中压力传导，为有效落实温室气体排放基础统计和核算工作，掌握石油企业温室气体排放现状，国内石油企业都必须尽快开展温室气体核算及碳资产管理，以应对碳交易机制未来可能带来的约束及风险，迎接低碳发展的机遇和挑战。

目前，世界各国已有不少先进企业根据自身的情况，建立了温室气体或者碳管理体系，实施了包括购置节能降耗设备、组建专业管理团队、培养专业低碳管理人才、引进先进技术等全方位的碳管理措施，在确保企业发展、环保与社会责任"三赢"的基础上，为企业的可持续发展提供有效的决策支撑。通常而言，建立健全企业温室气体排放管理体系主要包含三方面主要内容：一是温室气体核算；二是碳排放信息披露；三是是碳资产管理。前两者主要关系到企业对自身碳排放摸底并建立低碳企业的社会形象，后者主要关系企业的管理机制及生产经营成本。

为积极探索适合石油企业自身特点的低碳战略，提高企业在低碳背景下的应对能力，本书从企业如何开展温室气体核算、如何进行碳排放信息披露、如何进行碳资产管理三大方面入手，指导企业建立企业温室气体排放管理体系。

温室气体核算的核心是如何进行专业、准确的量化，而实现这一目的，就需要系统、统一的核算标准及方法论作为支持。核算方法主要分为国际和国内两大类。国际温室气体核算标准从不同的角度分析了石油工业的温室气体排放情况。石油工业的国际温室气体核算标准及方法主要分为：《温室气体核算体系：企业核算与报告标准》、ISO 14064 系列标准、标准 PAS 2050、美国石油学会《石油和天然气工业温室气体排放评估方法纲要》、国际石油行业环境保护协会《石油工业温室气体排放汇报指南》。国内温室气体核算标准根据石油工业涉及的各行业领域特点及分类，分别给出了不同领域的温室气体的核算方法、核算范围及核算边界。石油工业的国内温室气体核算标准及方法主要分为：《工业企业温室气体排放核算和报告通则》《中国石油天然气生产企业温室气体排放核算方法与报告指南（试行）》《中国石油化工企业温室气体排放核算方法与报告指南（试行）》《中国发电企业温室气体排放核算方法与报告指南（试行）》《机械设备制造企业温室气体排放核算方法与报告指南（试行）》等。

中国的温室气体排放中，能源活动的温室气体排放约占总排放的 80%，其中尤以石油石化企业为主。石油行业作为能耗大户，温室气体排放主要涵盖油气田开采温室气体排放、炼化领域温室气体排放及油气储运领域温室气体排放等几类。油气开采过程中的温室气体直接排放源包括燃料燃烧、过程排放、逸散排放和废物处置排放四类。石油炼化领域的温室气体排放主要涉及燃料燃烧排放、工艺过程排放、废物处理/处置排放、设备逸散排放及间接排放五大类。油气储运领域的温室气体排放主要包括原油及过程产品的运输排放及储存排放，主要包括燃料燃烧 CO_2 排放、火炬燃烧排放、油气储运业务工艺放空排放[主要源于压气站/增压站、管线（逆止阀）、计量站/分输站、清管站等的放空活动]、油气储运业务 CH_4 逸排放（主要来自原油和天然气输送过程中的逸散和泄漏损失）、CH_4 回收利用量、CO_2 回收利用量、净购入电力和热力隐含的 CO_2 排放。

国际社会对碳排放信息披露越来越重视，作为国内首屈一指的石化行业更应该积极对企业的碳排放信息进行披露。作为环境信息披露中的一种，碳披露是指企业向公众公开碳排放管理战略、气候变化的潜在风险与机遇、碳排放量及排放强度信息。碳披露项目（Carbon Disclosure Project，CDP）是一个非营利性组织，致力于通过让大型企业参与碳披露问卷调查，整理归纳问卷的内容从而衡量、披露其温室气体排放信息及有关气候变化的战略目标，为投资者、政策制定者及非政府组织提供决策支持。BP 公司、壳牌公司、道达尔公司、埃克森美孚公司及雪佛龙公司等发达国家的大型油气企业，在低碳管理方面的研究较为成熟，都已建立了完善的低碳管理体系，建立了温室气体核算与报告系统，从而可以实时监测企业内部碳排放状况，积极参与碳排放权交易，努力主导行业低碳规则与相关标准形成。

温室气体排放管理系统主要用于集团（本书指所有参与碳资产管理的集团公司）相关企业的温室气体排放、配额交易和储备集团公司各下属企业减排项目的碳交易项目，重点是通过温室气体排放数据报送摸清集团碳排放家底、厘清集团的碳资产情况，包括配额管理、从减排项目的申请到最终项目产生碳交易的项目管理、维护集团公司各企业基本信息、开立碳交易项目持有账户、承载各企业所拥有的碳交易配额和项目管理、企业申请开展减排项目、集团公司审定减排项目并登记项目信息、项目产生碳交易项目后由所属企业上报实际的碳交易项目、集团公司对其进行核查并最后登记有效的碳交易项目信息等。温室气体排放管理系统需要具备：碳交易项目登记管理系统、价值发现管理、交易管理系统、核算方法学管理、查询统计、决策分析、企业监管合规管理和外部接口，共七大部分功能。选择专业、准确的温室气体核算标准与指南是核算企业温室气体排放总量及构成的前提条件。根据温室气体核算标准、指南要求及计算方法，准确地计算企业的温室气体排放总量构成并分析企业碳减排潜力，在此基础上进行企业碳披露，体现企业社会责任，为气候变化贡献力量。

碳资产的定义是指在各种碳交易机制下产生的，代表控排企业温室气体（GHG）许可排放量的碳配额，以及由温室气体减排项目产生，并经特定程序核证，可用以抵消控排企业实际排放量的减排证明。温室气体排放量具有资产属性的经济学原理是对经济外部性的修正，即通过政策和市场的手段提高经济活动中环境污染或资源使用的成本。碳资产作为一种环境资源资产，具有稀缺性、同质性；在碳交易定价机制下，碳资产还具有商品属性和金融属性。

基于对碳资产定义及碳定价机制的研究，有效的碳资产管理需要包括以下三个层次的内容：一是对物理层面的碳排放的管理；二是对碳排放成本的风险管理；三是对碳资产盘活、保值增值的碳金融管理（以良好碳金融市场环境为基础）。目前各大石油集团已经采取各种措施开展物理层面的碳排放管理及碳排放成本的风险管理，但是对第三层面碳资产盘活的认识还有欠缺（比如：如何以良好的金融市场环境为基础，积极开展碳交易，实现碳资产盘活及保值增值）。全国碳市场对控排企业的配额分配以历史强度下降法和基准法为主。基于石油行业特殊性，行业存在产品种类多等特点，中国石油和化学工业联合会（简称石化联合会）设立了领导小组、专家咨询组和工作团队，主要依托石油和化工行业能效"领跑者"发布工作团队和重点产品能耗限额国家标准制修订工作团队，并吸收碳排放、标准、计量等领域专家组成，已确定炼油、乙烯、芳烃、精对苯二甲酸、乙二醇等23种产品作为基准值研究对象，制定了18~20个重点产品碳排放基准值研究报告，为后续配额分配提供理论支撑。

欧美发达国家的大型油气企业，在低碳管理方面的研究较为成熟，都已建立了完善的低碳管理体系，建立了温室气体核算与报告系统，从而可以实时监测企业内部碳排放状况，积极参与碳排放权交易，努力主导行业低碳规则与相关标准形成。本书以BP公司、壳牌公司、道达尔公司、埃克森美孚公司及雪佛龙公司为例，调研分析国际企业低碳发展战略、碳资产管理情况，同时对比分析中国石油天然气集团公司（简称中国石油）、中国石油化工集团公司（简称中国石化）、中国海洋石油总公司（简称中国海油）的碳资产管理现状。根据五家跨国石油公司的低碳举措，他们开展碳资产管理主要包括六个方面：在生产运营中提高能源利用效率并减少碳排放；有选择地发展低碳能源业务，降低整体碳强度；提供高效清洁产品及服务，降低社会整体碳排放；为低碳技术、政策方面研究提供资助并开展合作；积极布局碳交易，形成集团层面的统一管理机制；在低碳经济政策制定方面发挥积极影响。从上述跨国石油公司的应对策略看，主要手段仍是以自身的节能增效、低碳技术研究、新的绿色能源方向探索等为主，这也是企业自身发展所必需的，同时恰当利用金融工具解决资金问题，充分利用并影响政策，恰当宣传提升企业形象，为企业争取更好的市场环境。

为有效应对国内外碳约束、降低政策风险、把握发展机遇、应对转型挑战，石油工业应积极对标国际能源行业，积极开展相关低碳研究，建立行业低碳标准；积极开展温室气体核算，开展碳披露，挖掘碳减排潜力；推动能源企业加入油气行业气候倡议组织（OGCI），积极参与低碳发展路线图研究、温室气体排放控制示范工程建设；设立低碳管理部门，建立健全碳资产管理及交易制度，积极主动参与碳市场。对国内大型能源集团及石油工业企业来说，在国际国内碳约束形式下，集团公司亟须进一步规范集团公司内部各控排企业的碳配额经营管理，深入挖掘公司内部各新能源、可再生能源企业的碳资产价值，提高碳资产专业化管理水平，发挥集团统筹协调和监督落实职能。统筹碳资产交易管理，不仅要统筹碳资产在近期和远期的合理配置，更要统筹碳资产在各区域与各企业间、在碳减排信用层面和配额层面的合理配置。

第一部分
宏观形势分析

第一章　碳排放管控手段及相关机制

温室效应引起的气候变化直接威胁到人类的生存和发展。未来气候持续变暖所带来的影响将是全方位、大尺度、多层次、长期性甚至是不可逆的。为防止全球气候变暖产生灾难性的和不可逆转的破坏，通过控制温室气体排放来应对气候变化逐步成为共识。基于此，《京都议定书》提出通过引入市场机制的方式实现温室气体排放总量控制，减缓气候变化。碳定价机制最重要的是排放税和排放权交易或限额交易制度——利用市场调节机制减少作为气候变化主要催化剂的温室气体（GHG）排放。碳交易和碳税为通过环境权益定价方式修正环境负外部性影响的设想提供了理论基础。通过税收和补贴交易制度激励市场减排，碳定价机制有潜力帮助全球经济活动脱碳化及激发技术创新，同时所有的新增收入都能投入生产使用。

碳排放权交易系统（ETS），通常被称为"总量控制和交易制度"，包括建立可交易碳限额的市场以及规定允许排放量的上限。作为排放量的绝对限制，此上限造成稀缺并提供价格激励。通过交易的形式，比如买入和出售碳（或温室气体的混合物）排放权的限额，能够使一个受管制的实体以最高成本效益的方式减少排放。碳排放权交易系统希望通过逐步增加排放温室气体的成本和形成低碳替代物的经济竞争力等经济激励因素来减少温室气体的产生。理论上说，这些基于不同市场的工具比通过"命令与控制"减少温室气体的方法更高效，因为市场参与者能够在有限的政府干预和较小的监管障碍下处理自己独特的减排问题。

在碳交易机制影响不断扩大的同时，碳税成为碳交易机制之外的一种重要的碳定价机制。碳交易和碳税为通过环境权益定价方式修正环境负外部性影响的设想提供了理论基础。排放税是对排放量（主要是碳）征收的税，上游或下游都适用。因此，排放税的高低显然与燃油的碳含量相关，但不能保证以某个标准水平减排。排放税一般是通过建模，模拟将排放量降低至某一目标所需的成本来制定的。建模中的任何误差都会导致实际减排量与目标量出现差异。排放税一般比其他碳定价工具更容易实施，因为它更易于管理。然而，管理的重任来源于要用灵活的方法制定税率，以应对经常变化的环境。芬兰在1990年设立了碳税，瑞典和挪威紧跟着在1991年也制定了碳税，丹麦在1992年落实了碳税。碳排放权交易系统与碳税设计概览见表1-1。

表1-1　碳排放权交易系统与碳税设计概览表

方案设计	碳排放权交易系统（ETS）	碳税
范围	两类政策均涉及各类选择之间的权衡，包括管制何种气体，管制哪个部门，是否准许小排放源不受管制，以及采用上游还是下游的管制等问题。在这两类情形中，"方案选择"既是经济问题，也是政治问题	
税率或上限	管制选择的函数；配额分配也同样重要	税率设置的函数；应当设置为边际减排成本，但实操中会受政治因素影响
设定监管点	可以设在上游、下游或中游	
报告、核实和强制实施	较复杂： 必须报告排放量并基于排放量放弃配额； 通过分配、拍卖或二级市场获得配额； 作为配额的买方或者卖方加入二级市场； 为未来使用存储配额或为当前使用借贷配额（如果允许）	较简单： 受管制的实体必须报告排放量或者代理排放量（例如燃油数量），并基于排放量支付税额
风险缓解政策	价格上限； 价格下限； 存储与借贷	补贴； 价格风险一般较小
跨境联动	较易通过可交易的排放单元进行联动，但依旧复杂；必须考虑政策壁垒和对排放单元的管制的一致性	更困难；但可以通过允许使用补偿的政策进行联动，以实现纳税义务

　　除了表1-1所示的主要不同，在价格稳定性、减排成效、灵活性、复杂性、管理成本、商业认知、市场角色等设计和考量指标方面，碳排放权交易系统与碳税均存在各自的特点。

第二章 国际温室气体减排现状及趋势

为了大幅度和持续地减少温室气体排放，国际社会做了大量工作。应对气候变化的全球格局呈现以下主要特点：

第一，国际谈判推动全球应对气候变化工作有序开展。20世纪90年代开始，国际社会在联合国主持下谈判制定了人类应对气候变化的第一份法律文件《联合国气候变化框架公约》，确立了"稳定大气温室气体浓度，避免气候系统受到危险人为干扰"的目标，并为此建立了商讨对策的工作机制，规定缔约国每年举行联合国气候变化大会，为确定各国减少温室气体排放的具体行动目标开启了漫长的谈判进程。1997年国际社会达成的第一份为特定发达国家设定量化行动目标的减排协议《京都议定书》，提出发达国家同意在2008年至2012年第一承诺期内，将其温室气体排放量在1990年水平基础上削减5%。

第二，双边和多边框架下的国际合作应对气候变化成果显著。除了联合国气候变化框架，世界范围内还有很多双边和多边框架下的应对气候变化合作。与联合国框架下的国际合作相比，这些合作更为灵活和务实。在世界范围内影响较大的包括2014年11月12日的《中美气候变化联合声明》、2015年9月25日中国与美国在华盛顿再次发表的《中美元首气候变化联合声明》、2015年6月29日中国和欧盟在布鲁塞尔发表的《中欧气候变化联合声明》、2015年11月2日，中国与法国在北京发表《中法元首气候变化联合声明》《G20能源效率行动计划》《二十国集团领导人安塔利亚峰会公报》等。各合作方依据自身能源结构特点、经济发展水平、应对气候变化能力，不断加强政策对话和务实合作，构建实体长效合作机制如中美应对气候变化工作组、G20相关能效工作组等，在上述一系列国际合作声明约束下，国际应对气候变化方面取得较为显著的成果。

第三，《巴黎协定》的签订生效影响深远。2015年12月12日，《联合国气候变化框架公约》第21次缔约方会议（COP21）暨《京都议定书》第11次缔约方会议（CMP11）在法国巴黎通过了2020年后的全球气候变化新协议——《巴黎协定》。这是自1992年达成《联合国气候变化框架公约》、1997年达成《京都议定书》以来，人类社会应对气候变化历史上第3个具有法律约束力的协议。《巴黎协定》在通过不到一年后，于2016年11月4日生效，彰显了国际社会对于未来全球减排行动的高度重视。各缔约方一致同意2020年前提交到

2050 年乃至更长期间的低碳战略，同时明确 2023 年起每 5 年盘点一次全球温室气体减排进展。《巴黎协定》的最大亮点主要体现在其法律约束力：它给缔约方规定了后续要完成的大量程序性"规定动作"，以及完成这些动作的"技术规范和要领"。

第四，全球碳市场发展迅速，交易市场和覆盖范围迅速扩大。碳市场是全球应对气候变化的重要手段。截至 2018 年底，已有 45 个国家及 25 个地区开展或计划开展碳定价活动。其中，已经建立碳排放权交易系统（ETS）的区域包括加拿大魁北克、中国北京、中国重庆、中国福建、中国广东、中国湖北、中国上海、中国深圳、中国天津、欧盟、日本琦玉、日本东京、哈萨克斯坦、韩国、新西兰、瑞士、美国加利福尼亚州、美国马萨诸塞州、美国 RGGI 区域。这些已设立碳市场的区域的 GDP 占全球比例超过 50%，人口占世界人口总数的近三分之一。此外，加拿大新斯科舍省、墨西哥、中国台湾、乌克兰、美国弗吉尼亚州等地区已经将建立碳市场提上议程，智利、哥伦比亚、日本、泰国、土耳其、越南、美国俄勒冈州、美国华盛顿州等区域正在考虑建立碳市场。而 158 个国家提交的国家自主贡献（INDC）文件中，有 40% 计划利用市场机制完成减排目标❶。

2017—2018 年全球碳市场经历了较大调整。欧盟碳排放权交易体系正在进行系统的全面审查，为第四阶段（2021—2030 年）的运行做准备。为了提供足够强劲的价格信号以实现日益严苛的减排目标，欧洲议会在 2017 年 2 月批准通过了欧洲碳交易市场限制温室气体排放的若干计划，包括增加所谓"线性减缩因素"❷。中国启动了国家层面的碳市场。加拿大安大略省的体系与美国加利福尼亚州和加拿大魁北克省的体系建立了新的链接。在多个主要碳市场，包括美国加利福尼亚州和加拿大魁北克省碳市场、区域温室气体减排倡议（RGGI）、欧盟碳排放权交易体系（EU-ETS）以及新西兰碳排放权交易体系（NZ-ETS），政府就政策设计进行了体系层面的回顾，确定了改革措施，并通过了新的立法延长这些体系至 2030 年。欧盟碳排放权交易体系与瑞士之间的链接批准流程有了重大突破，预计将于 2020 年正式链接；韩国碳排放权交易体系今年进入其第二阶段并准备引入拍卖机制；哈萨克斯坦碳排放权交易体系亦恢复运行，扩大了覆盖范围，并且制定了更加健全的监测、报告、核查（MRV）规则；美国马萨诸塞州在区域温室气体倡议之外又推出了一个涵盖其电力行业的碳市场。截至 2018 年 5 月，已执行或计划执行的碳定价计划的总数达到 51 个，包括 25 个碳排放权交易体系和 26 个碳税。这些碳定价倡议涵盖了 110 亿吨碳排放❸。

第五，交易量和交易规模迅速扩大后急速下行。全球碳市场包括碳配额和项目减排量

---

❶ 来自《2017 中国碳市场进展》，国家发展改革委员会能源研究所及美国环保协会（EDF）发布。

❷ "线性减缩因素"是指从 2021 年起每年减少"碳信用"额度（即碳排放额度）2.2%（第三阶段规定每年减少1.74%）。

❸ 世界银行《2018 年碳定价现状与趋势》报告。

在内的交易量在 2005 年一举突破了 7 亿吨，交易总额超过了 108 亿美元，其中碳配额交易量为 3.29 亿吨，交易额为 8.28 亿美元。在随后数年间，碳配额交易额从 82 亿美元猛增到 1760 亿美元。受欧债危机持续、全球经济下行、《京都议定书》第二阶段各国减排政策不明朗等众因素影响，全球碳市场整体处于弱市盘整状态，2015 年交易量仅有 60 多亿吨，交易额下滑到 500 多亿美元。2016 年全球碳市场交易额（490 多亿美元）与 2015 年基本持平，不同碳定价区交易价格差距从 2015 年的 6～89 美元/吨扩大为 2016 年的 1～131 美元/吨。2017 年全球碳市场整体运行平稳：碳价跨度与 2016 年基本持平，为 1～140 美元/吨；交易量为 65 亿多吨（年增长率约 8.3%），不足史上最高交易量的 3/4；交易额 520 多亿美元，仅占交易额历史高点的 1/3。2017 年全球碳市场交易额增量主要来自新的碳定价区，而 2017 年底启动的中国全国碳排放权交易体系将取代 EU-ETS，成为全球控排规模最大的碳市场。

2018 年，全球碳市场整体运行平稳：碳价跨度与 2016 年、2017 年基本持平，为 1～139 美元/吨。2018 年，欧盟碳市场碳价较以往几年有了明显提升，最高达到 25 欧元/吨。EU-ETS 价格回暖的主要原因有两方面，第一是配额的持续收紧；第二是市场稳定储备（MSR）制度的建立。市场稳定储备制度是指当市场的供给超过 8.33 亿吨时，将从过量配额中抽取 12% 纳入储备；当供给小于 4 亿吨时，将从储备中取出 1 亿吨投放市场；当供给介于 4 亿～8.33 亿吨之间时，不采取措施。该措施 2019 年将开始施行，施行后可逐渐把部分供过于求的配额移出市场，因此提高了市场对于 EU-ETS 系统内碳价的预期。

第六，应对气候变化治理的全球格局不会改变。2017 年 1 月 20 日，特朗普政府公布"美国第一能源计划"，否定了奥巴马政府的"气候行动计划"，给全球应对气候变化带来一定的负面因素。2017 年 6 月，美国宣布退出《巴黎协定》，但《巴黎协定》仍符合"两个 55"的生效条件，并持续有效。因此并不会改变全球应对气候变化治理的格局。截至 2017 年 5 月 1 日，代表 191 个缔约方的 165 份国家自主贡献（INDC）文件已提交至《联合国气候变化框架公约》（UNFCCC）。所提交的国家自主贡献文件中有九十份提及了排放权交易体系、碳税和其他碳排放权定价举措。

在此背景下，2017 年 11 月 6 日—18 日，第 23 届联合国气候变化大会在波恩顺利召开，通过了"斐济实施动力"系列成果：一是就《巴黎协定》实施问题形成了细则方案，形成了全面落实《巴黎协定》、均衡反应各个要素和各方要求的文件草案，为 2018 年的谈判奠定了良好基础；二是盘点了《巴黎协定》的落实情况，发展中国家要求发达国家兑现 1000 亿美元支持的承诺，并进一步明确 2020 年以后的资金增加数量，尽管某些发达国家态度暧昧，但仍达成了初步共识；三是进一步明确了 2018 年促进性对话的组织方式，将 2020 年前的安排列入了议程。

　　2018年12月联合国卡托维兹气候变化大会（COP24）在波兰的卡托维兹召开。经过了一系列艰难谈判后，大会最终成功通过大部分"巴黎协定工作计划"（PAWP）的内容，并产出"卡托维兹文件"（Katowice Package）。参会各方就《巴黎协定》关于国家自主贡献、减缓、适应、资金、技术、能力建设、透明度、全球盘点等涉及的机制、规则基本达成共识，并对下一步落实《巴黎协定》、加强全球应对气候变化的行动力度做出进一步安排。

第三章　中国碳排放约束及碳市场现状

为应对气候变化，减少温室效应，在联合国气候变化框架下，2015 年 6 月 30 日，中国政府向《联合国气候变化框架公约》秘书处提交了应对气候变化国家自主贡献文件，是第 15 个提交国家自主贡献的缔约方（欧盟 28 个成员国共同提交一份文件）。中国国家自主减排贡献是中国对国际社会的庄严承诺，也是当前中国温室气体管控各项政策机制设计的主要前提。

中国的国家自主贡献文件中包括 5 个具体目标：

（1）二氧化碳排放达峰目标：2014 年 11 月《中美气候变化联合声明》中宣布的二氧化碳排放于 2030 年左右达到峰值。

（2）非化石能源目标：2030 年非化石能源目标达到 20%。

（3）排放强度目标：以 2005 年为基准年，在 2030 年下降 60%～65%。

（4）森林蓄积量目标：2030 年比 2005 年增加 45 亿立方米左右。

（5）气候适应目标：在农业、林业、水资源等重点领域和城市、沿海、生态脆弱地区形成有效抵御气候变化风险的机制和能力，逐步完善预测预警和防灾减灾体系。

长期以来，中国高度重视气候变化问题，把积极应对气候变化作为国家经济社会发展的重大战略，把绿色低碳发展作为生态文明建设的重要内容，并采取了一系列行动。在《巴黎协定》签订生效后的新形势下，借美国后退机会，中国以有担当的大国姿态利用提升中国的大国影响力的契机，落实《巴黎协定》的目标和任务更加义不容辞。

第一节　中国碳约束目标及政策制度

一、中国碳约束目标

第一，建立领导机制及工作规划。2007 年 6 月，中国政府发布了《中国应对气候变化国家方案》，这是发展中国家第一个应对气候变化的国家级方案；同月成立了由总理领衔的"国家应对气候变化领导小组"，作为国家应对气候变化和节能减排工作的议事协调机构。2010 年 8 月，国家发改委下发《关于开展低碳省区和低碳城市试点工作的通知》，在全国五省八市开展低碳省区、低碳城市试点，要求试点将应对气候变化工作纳入当地"十二五"规划，明确提出控制温室气体排放的行动目标、重点任务和具体措施，研究运用市场机制推动实现减排目标。2011 年 12 月，国务院发布《"十二五"控制温室气体排放工作方案》，明确了到 2015 年控排的总体要求和主要目标。2016 年 10 月 27 日，国务院印发《"十三五"控制温室气体排放工作方案》，进一步提出需要加快推进绿色低碳发展，确保完成"十三五"规划纲要确定的低碳发展目标任务，推动中国二氧化碳排放 2030 年左右达到峰值并争取尽早达峰，进一步明确了到 2020 年的控排目标。

第二，不断强化减排承诺。(1)40%～45%目标。2009 年 11 月，为推动哥本哈根气候大会达成协议，中国政府向国际社会郑重承诺：到 2020 年单位 GDP 碳排放强度比 2005 年下降 40%～45%，将它作为约束性指标纳入国民经济和社会发展中长期规划，同时建立全国统一的统计、监测和考核体系。(2)碳排放峰值目标。2014 年 11 月，在历史性的《中美气候变化联合声明》中，中国政府承诺，到 2030 年左右碳排放达到峰值并将争取早日达峰，2030 年同时将非化石能源占一次能源消费的比例提高到 20%。(3)《巴黎协定》。2015 年 12 月，包括中国在内的近 200 个国家在《巴黎协定》中一致同意，将全球平均气温升幅控制在工业化前的 2℃之内并尽量控制在 1.5℃以下，且争取在 21 世纪下半叶实现近零排放。(4)60%～65%目标。2015 年 9 月，中国政府在《中美元首气候变化联合声明》中承诺，到 2030 年中国单位 GDP 碳排放强度将比 2005 年下降 60%～65%。

基于上述碳约束目标可知，无论是全球性的《巴黎协定》或者其他双边和多边框架下的应对气候变化合作，都对中国政府未来应对气候变化工作提出了新的要求。为满足《巴黎协定》的要求，响应其释放的全球经济向低碳转型的强劲信号，为完成不断强化的减排承诺，中国需要研究如何编制精确透明的排放清单，如何尽快达到排放峰值，如何实现经济结构和能源结构调整，如何应对气候变化带来的损害等。这些问题均需要落实到全国各省（区）、各市甚至各县，落实到重要行业、集团企业。

二、中国低碳政策背景

碳交易首次出现在中国的官方文件是在 2010 年 10 月国务院下发的《国务院关于加快培育和发展战略性新兴产业的决定》，在第八条"推进体制机制创新"中，提出要"建立和完善主要污染物和碳排放交易制度"。自"十二五"以来，国家密集出台碳交易建设相关重要政策性文件：

2011 年，全国人大审议通过的《中华人民共和国国民经济和社会发展第十二个五年规划纲要》提出"约束性目标：到 2015 年，单位国内生产总值二氧化碳排放比 2010 年下降 17%"；

2011 年 11 月，国家发改委下发了《关于开展碳排放权交易试点工作的通知》，批准北京、天津、上海、重庆、湖北、广东、深圳等七省(市)开展碳排放权交易试点工作；

2013年，七个碳排放权交易试点省(市)陆续启动碳排放权交易；

2014年5月，国务院办公厅印发《2014—2015年节能减排低碳发展行动方案》，研究建立全国碳排放权交易市场；

2014年12月，国家发改委发布了《碳排放权交易管理暂行办法》，全国碳市场拟于2016—2020年间全面启动实施和完善；

2015年9月，发表《中美元首气候变化联合声明》，中国计划2030年左右二氧化碳排放达到峰值，并计划于2017年启动全国碳排放权交易体系；

2015年9月，中共中央、国务院印发《生态文明体制改革总体方案》，明确"深化碳排放权交易试点，逐步建立全国碳排放权交易市场，研究制定全国碳排放权交易总量设定与配额分配方案。完善碳交易注册登记系统，建立碳排放权交易市场监管体系"；

2016年1月，国家发改委向各省印发《关于切实做好全国碳排放权交易市场启动重点工作的通知》；

2016年1月，国家发改委气候司印发了《关于切实做好全国碳排放权交易市场启动重点工作的通知》(发改办气候〔2016〕57号)，对全国碳市场建设进行了统一部署，要求国家、地方、企业上下联动，确保2017年启动全国碳排放权交易；

2016年3月，《中华人民共和国国民经济和社会发展第十三个五年规划纲要》顺承十八届五中全会的精神，提出"建立健全用能权、用水权、排污权、碳排放权初始分配制度"，明确了建立碳排放权制度为"十三五"期间的重要工作；

2016年3月25日，国家发展改革委下发的《关于2016年深化经济体制改革重点工作的意见》将碳市场建设作为2016年改革的重点工作之一；

2016年11月，国务院印发的《"十三五"控制温室气体排放工作方案》明确提出2017年建立和启动运行全国碳排放权交易市场，到2020年力争建成制度完善、交易活跃、公开透明的全国碳排放权交易市场，实现企业的稳定、健康和可持续发展；

2017年12月19日，国家发改委印发《全国碳排放权交易市场建设方案(发电行业)》，标志着中国碳排放权交易体系完成了总体设计并正式启动；

目前，国家顶层设计层面正在准备碳交易立法，已完成《全国碳排放权交易管理条例(草案)》并提交法制办立法；

2018年4月16日，国家按照山水林田湖草是一个生命共同体的理念组建了生态环境部，整合政府部门生态环境保护职责，并于2018年9月11日出台了生态环境部"三定方案"，应对气候变化的职能由国家发展改革委转隶生态环境部。部门机构重组延缓了全国碳市场建设，但未来中国生态环境保护政策、立法将更为协调和统一，为加快全国碳市场建设提供坚实基础和有力保障。

第二节 中国碳交易现状及趋势研究

在上述约束性目标及政策支持下，中国碳市场呈现以下特点：

第一，中国坚定应对气候变化战略不动摇。中国国家主席习近平在 2017 年 1 月 17 日出席世界经济论坛 2017 年年会开幕式和 1 月 18 日在联合国日内瓦总部发表演讲时均表示：《巴黎协定》符合全球发展大方向，成果来之不易，应该共同坚守，不能轻言放弃，中国将继续采取行动应对气候变化，百分之百承担自己的义务。2017 年 2 月 22 日，国家主席习近平在会见法国总理卡泽纳夫时再次指出，要继续推动全球治理变革，捍卫包括《巴黎协定》在内的全球治理成果。

第二，中国碳排放法规标准体系逐步完善。2015 年 11 月 19 日，国家标准委批准发布了首批包括《工业企业温室气体排放核算和报告通则》以及发电、钢铁等 10 个重点行业温室气体排放核算的 11 项国家标准，并计划于 2016 年 6 月 1 日起实施，为建立全国碳市场提供了技术支撑。《全国碳排放权交易管理条例》已提交国务院审议，预计 2020 年将进入国务院立法计划，成为行政法规。这将进一步提高碳市场立法级别，为全国碳市场建设提供更坚实的法律基础以及管理框架。十二届全国人大四次会议于 2016 年 3 月 16 日表决通过了《关于国民经济和社会发展第十三个五年规划纲要的决议》，纲要提出：未来五年要有效控制电力、钢铁、建材、化工等重点行业碳排放；深化各类低碳试点，实施近零碳排放区示范工程；控制非二氧化碳温室气体排放；推动建设全国统一的碳排放权交易市场；健全统计核算、评价考核和责任追究制度，完善碳排放标准体系。

第三，中国试点碳排放权交易体系总体运行良好。中国首批碳排放权交易七个试点地区共纳入排放企业 2000 多家，发放的总配额约为每年 12 亿吨，其中免费发放的配额约占 99%。主要有以下特点：(1)供需基本平衡。2018 年，七省(市)二级市场线上线下共成交碳配额现货接近 7748 万吨，较 2017 年交易总量增长约 14.96%；交易额约 16.41 亿元，较 2017 年增长约 38.95%。截至 2018 年 12 月 31 日，七省(市)试点碳市场配额二级市场现货累计成交量为 2.63 亿吨，累计成交额近 54 亿元，市场交易日趋活跃，规模逐步放大。公开交易价格趋于平稳，客观反映了市场供求关系总体稳定，供需基本平衡。(2)试点地区履约率高。七个试点在运行了 4~5 个履约期后，已基本全部完成年度履约。

第四，全国碳市场正式启动并出具清晰的路线图。中国已于 2017 年正式启动全国碳市场并提出全国碳市场建设的三个阶段：(1)基础建设期，用一年左右的时间，完成全国统一的数据报送系统、注册登记系统和交易系统建设；深入开展能力建设，提升各类主体参与能力和管理水平；开展碳市场管理制度建设。(2)模拟运行期，用一年左右的时间，开展发电行业配额模拟交易，全面检验市场各要素环节的有效性和可靠性，强化市场风险预警与防控机制，完善碳市场管理制度和支撑体系。(3)深化完善期，在发电行业交易主体间开展配额现货交易；交易仅以履约(履行减排义务)为目的，履约部分的配额予以注销，剩余配额可跨履约期转让、交易；在发电行业碳市场稳定运行的前提下，逐步扩大市场覆盖范围，丰富交易品种和交易方式。

第四章 石油企业开展温室气体核算及碳资产管理的动因

第一节 中国石油行业面临的碳约束形势

在目前的国际、国内碳约束形势下，中国的石油工业面临现状如下：

第一，中国的石油工业与国际同行仍有差距。伴随着碳交易、碳税等碳排放管控手段的出台，世界各国纷纷在《京都议定书》的框架下建立碳排放权交易机制等碳定价机制。碳排放权交易机制在促进了全球温室气体减排的同时也为各国的高能源消耗企业、高排放企业带来碳约束，为石油工业带来了风险和冲击。无论是对待联合国政府间气候变化专门委员会（IPCC）气候变化报告结论的科学性是否存在争议，气候变化已经从一个科学议题演变为超越意识形态、宗教信仰、经济水平的普遍价值观，是当今国际社会最大的公约数。而中国石油工业同国际同行仍有差距，低碳竞争力明显不足。

第二，在低碳发展背景下，石油工业是主要的高碳排放行业。目前，中国已将低碳转型纳入国民经济和社会发展中长期规划当中，作为主要的高耗能、高排放行业之一，石油行业是中国较大碳排放的来源之一。据国家统计局统计，2015 年石油开采和炼化行业能耗合计占全国工业总能耗的 26.2%。据估算，整个国内石油工业的温室气体排放总量约为 14.3 亿吨，占全国温室气体排放总量的 14.7%，全行业排放温室气体位居工业部门第三位，排在钢铁行业和水泥行业之后，上述数据还不包括作为产品的燃料油及天然气的使用燃烧排放。可见，石油工业是国民经济的重要部门，但同时国家的温室气体减排承诺的实现更需要石油工业的减排贡献。

第三，石油行业有很大可能在全国碳市场运行平稳后优先纳入。十二届全国人大四次会议于 2016 年 3 月 16 日表决通过了《关于国民经济和社会发展第十三个五年规划纲要的决议》，纲要提出：未来五年要有效控制电力、钢铁、建材、化工等重点行业碳排放。为确保实现中国温室气体排放控制目标，国务院发布《"十三五"控制温室气体排放工作方案》（国发〔2016〕61 号），提出 2020 年单位国内生产总值二氧化碳排放比 2015 年下降 18%，碳排放总量得到有效控制；2017 年 12 月，国家发改委印发《全国碳排放权交易市场建设方案（发电行业）》，标志着中国碳排放权交易体系完成了总体设计并正式启动，中国全面进入碳约束时代。目前，电力行业是首批唯一纳入碳排放权交易的重点履约行业，而石油、化工行业作为碳市场排放主体之一，也将在 2020 年陆续纳入。

第二节　中国石油企业面临的挑战

在上述国内外低碳形势及行业背景下，中国石油工业企业面临以下巨大挑战：

第一，与国际石油公司仍有差距，低碳竞争力不足。国外典型能源集团均将应对低碳政策风险、把握低碳发展机遇作为重要目标并开展相关的低碳管理研究，通过开展国际低碳法规和政策研究，降低海外作业项目的操作风险及企业发展风险，制定更加全面的海外投资决策；通过设计完善的低碳管理系统从集团层面监测并掌握企业内部碳排放状况；通过设置碳排放管理部门及内部支撑体系或者平台，规模化、专业化管理及运营集团碳资产；通过积极参与行业低碳研究，努力主导行业低碳规则与相关标准。可见，为有效控制温室气体排放，完成企业温室气体控排目标，为企业实施绿色发展行动提供基础数据和决策依据，开展石油企业温室气体核算工作的紧迫性不言而喻。

第二，低碳形象已成为跨国石油企业重要的影响力标签。在树立低碳形象方面，各跨国石油企业均通过开展各种低碳举措积极履行企业社会责任，通过开展各种形式企业碳排放披露向公众展示其低碳形象。为在国际竞争中立于不败之地，国内石油企业启动并开展碳排放披露就显得十分重要且必要，应研究并对标国际石油企业的碳排放情况，分析其开展碳排放披露，公布并量化企业在碳减排方面所作的贡献。

第三，中国碳市场已全面启动，石油工业企业即将面临履约压力。在中国碳市场平稳运行后，石油行业将可能优先纳入。在目前仅电力行业启动，且较严格的电力行业配额分配方案下，可以预见未来碳排放权交易市场的配额稀缺程度。石油能源企业需要设立碳主管部门，跟踪国家政策，整体把控配额数量，合理地估算盈余和缺口，开展交易策略分析，并建立全面的碳资产管理制度，积极参与到碳资产管理中去。可见，在目前形势下，如何适应国家碳排放权交易政策要求，在面临碳市场、面临履约压力时，做到履约成本最小化、碳收益最大化，是石油工业企业的巨大挑战也是目前需要开展碳管控的主要目标。

第四，在绿色发展战略中，石油工业面临企业形象管理，产品结构转型、升级等方面挑战。从低碳价值输出角度，随着碳定价机制覆盖面越来越广，低碳及绿色作为发展的主旋律，企业及个人消费者都倾向于选择更低碳的能源和产品。作为能源产品供应商，企业在面临自身减排压力的同时，更面临着来自市场的经营压力。一方面，需要在提供风电光伏等较成熟的可再生能源、清洁能源之外，在天然气、页岩气方面的勘探开采及地热能源方面开展探索；另一方面，在进行产品化转型的同时，还要升级现有能源产品以提供更高效率产品，为用户降低碳排放，以建立正面良好的低碳企业形象。

第三节　开展温室气体核算及碳资产管理对石油
工业企业的影响

在上述巨大挑战下，尤其是国际碳约束和国内碳市场启动对石油工业行业纳入的预期对石油工业企业各方面均产生了重要影响，开展温室气体排放核算及碳排放披露、加强碳资产管理更加显得刻不容缓。对石油工业企业主要影响如下。

（1）将对企业管理制度产生影响。全国碳交易体系下，履约机制有两种方式。一是采取经济处罚，即对未按要求完成监测、报告、核查（MRV）和履约义务的企业直接处以罚款；二是采取行政约束，主要包括纳入企业信用记录，降低企业信用评级，取消财政对企业的资助，暂停重大固定资产投资项目的核准备案、考核结果纳入国有企业和负责人绩效考评体系等。因此，企业必须有完善的碳管理机制，严控企业出现违约风险。同时，在保障企业发展的前提下，企业一方面要充分利用好碳交易机制，合理配置碳排放权，降低碳减排成本，化解企业发展与控制碳排放之间的矛盾；另一方面要加大力度研究低碳生产技术，进一步优化用能结构，从根本上建立起企业长效发展与低碳排放的管理制度。具体而言，碳管控将从以下几方面对企业管理机制造成影响：

①新的管理协调机制要求。控排企业参与碳市场，完成履约需要进行排放报送、核查、交易、履约等一系列工作，涉及生产、计划、能源、财务、法律等多个部门。如果按照传统的管理机制，缺少部门间联动，易导致企业管理成本增加、管理效率降低，甚至出现管理混乱等问题，导致履约工作不到位而受到行政处罚或经济处罚。因此，在碳市场大背景下，控排企业的碳排放管理将成为常态，新的管理协调机制要求企业建立碳排放管理团队，负责碳排放管理工作的组织领导和协调，统筹指导、推动和监督各部门工作落实情况。

②新的绩效考核机制要求。在低碳发展的形势下，财务水平等生产经营指标不再是唯一重要的考核指标。控排企业的碳排放水平也将纳入考核。同时，重点行业的碳排放权分配对控排企业也尤为重要。因此，在企业目标责任考核体系中，在继续强化生产经营管理的基础上，碳排放管理目标与指标也将成为企业绩效考核机制中的重要内容。

③新的岗位职能要求。控排企业完成履约，做到合规，需开展包括统计和管理能源消费数据、分析和测定能源品种的排放因子核算参数、配合地方核查机构核查、填报排放量、管理配额账户、负责企业合规流程、制定碳交易策略、进行碳排放预测、分析碳市场价格走势、完成配额场内外交易等多项工作，为控排企业提出了全新的岗位职能要求。

（2）将对企业生产经营产生影响。根据碳市场的发展经验，碳交易政策实施一旦实施，必将对企业生产经营产生影响，主要影响是以下几个方面：

①将增加企业的生产成本。中国碳市场的配额分配一般是从初期的免费分配逐渐过渡到拍卖等有偿分配。而随着石油行业陆续被碳市场纳入，伴随年度履约、拍卖有偿分配方式逐步使用，石油工业企业的生产成本也将随之增加。

②将增加企业管理成本。管理成本的影响将主要体现在石油企业人力资源成本、交易成本和核查成本三个方面。

a. 人力资源成本。按照碳交易履约规则，控排企业需要承担的工作包括统计核算、报告、配合核查、管理配额账户等多项工作，从优化管理而言，需设置专人专岗负责。一旦纳入碳市场，还需专业的金融人员负责制定碳交易策略，进行碳市场操作，对碳市场实行保值增值管理，控制碳资产经营管理风险。

b. 交易成本。交易成本是控排企业通过碳市场进行配额和中国经核证的减排量（CCER）的买卖时，通过交易所进行交易结算产生的必要的交易费用，包括开户费、会员费和交易手续费。交易手续费对控排企业交易成本的影响主要取决于控排企业进行碳市场交易操作的频率。

c. 核查成本。核查成本是指控排企业在提交碳排放核查报告时支付给第三方核查机构的核查费用。国外碳交易机制中，控排企业承担核查成本的模式最为常见。在全国碳交易初期，碳排放核查成本均由地方政府承担，但随着碳交易市场的发展和深入，控排企业承担核查成本将成为必然趋势。

（3）将对生产计划、用能结构及产品转型升级产生影响。随着国际国内低碳发展方式的转变及碳交易政策的持续实施，作为高排放行业的石油工业企业将受到更为严格的碳约束。碳排放成本的价格信号将成为企业制定决策的重要因素之一。随着减排成本的增加与减排潜力的缩小，一方面，石油企业将通过提高能源使用效率、利用清洁能源和可再生能源等方式，降低企业碳排放；另一方面，企业在进行产品化转型的同时，还要升级现有能源产品以提供更高效率产品。

由此可见，无论是迫于气候立法环境变化还是供应链体系中压力传导，为有效落实温室气体排放基础统计和核算工作，掌握石油企业温室气体排放现状，国内石油企业都必须尽快开展温室气体核算及碳资产管理，以应对碳交易机制未来可能带来的约束及风险，迎接低碳发展的机遇和挑战。

第二部分
温室气体核算及排放披露

第五章　石油工业温室气体核算标准分析

温室气体核算是企业掌握碳排放现状，开展碳排放管理工作的基础。温室气体核算的核心是如何进行专业、准确的量化，而实现这一目的，一方面需要系统、统一的核算标准及方法论作为支持。另一方面，各国油气企业都在积极开展研究，将碳核算结果进行披露，积极接受公众舆论监督。

本书将从国际、国内通用的温室气体核算标准及方法入手开展梳理，对相关标准进行分析。

第一节　国际温室气体核算标准及方法

大量温室气体排放引起的全球气候变暖问题日趋严重，针对各种社会活动的碳排放核算成为衡量低碳成效的重要指标。为使核算结果具有可比性，国际组织如国际标准化组织（ISO）、世界资源研究所（WRI）和世界可持续发展工商理事会（WBCSD）、英国标准协会（BSI）等组织通过大量调研形成了系统的碳排放核算标准，涵盖了国际、企业（组织）、产品和服务、个人等层面。

国际碳排放核算体系主要由自上而下的宏观层面核算和自下而上的微观层面核算两部分构成。宏观层面以《IPCC 国家温室气体清单指南》为代表。而自下而上的温室气体核算方式主要包括三种方法：（1）基于产品的核算，主要是基于产品生命周期计算"碳足迹"，以 PAS 2050 标准为代表。（2）基于企业/组织的核算，通过排放因子法来计算碳排量。目前较为公认且运用比较广泛的核算企业温室气体排放情况的方法指南是《温室气体协议：企业核算和报告准则》。（3）基于项目的核算，重点确定基准线排放。该方法主要有世界资源研究所和世界可持续发展工商理事会制定的"项目核算 GHG 协议"（The GHG Protocol for Project Accounting）以及国际标准组织发布的国际温室气体排放核算、验证标准。为了更科学地借鉴和使用上述标准，充分了解国际能源集团采用的温室气体核算方法，在国际温室气体核算标准及方法部分，本书对认知度较高的《IPCC 国家温室气体清单指南》《温室气体议定书企业核算与报告准则》、ISO 14064 系列标准、标准 PAS 2050 等国际核算标准进行说明并重点阐述同石油工业相关的核算方法。

一、《IPCC 国家温室气体清单指南》

联合国政府间气候变化专门委员会（IPCC）是一个政府间机构，由世界气象组织、联合国环境规划署于1988年合作成立。它的作用是在全面、客观、公开和透明的基础上，对世界上有关全球气候变化的科学、技术和社会经济信息进行评估。

《IPCC国家温室气体清单指南》是应《联合国气候变化框架公约》（UNFCCC）的邀请编制的，提供了国际认可的方法学，可供各国用来估算温室气体清单，以向《联合国气候变化框架公约》报告。

温室气体清单报告包括一套标准的报告表，涵盖所有相关气体、类别和年份，还包括一份书面报告，以文件的形式说明编制估算所使用的方法学和数据。

《IPCC国家温室气体清单指南》包括的温室气体有：二氧化碳（CO_2）、甲烷（CH_4）、氧化亚氮（N_2O）、氢氟碳化物（HFCs）、全氟化碳（PFCs）、六氟化硫（SF_6）、三氟化氮（NF_3）、五氟化硫三氟化碳（SF_5CF_3）、卤化醚（如 $C_4F_9OC_2H_5$，$CHF_2OCF_2OC_2F_4OCHF_2$，$CHF_2OCF_2OCHF_2$）、《蒙特利尔议定书》未涵盖的其他卤烃（包括 CF_3I，CH_2Br_2 $CHCl_3$，CH_3Cl，CH_2Cl_2）。

（一）《IPCC国家温室气体清单指南》方法论概要

优良作法：为推动编制高质量的国家温室气体清单，特在以前的指南中界定一组方法学特征、行动和程序，统称优良作法。该定义已获得各国普遍认可，被广泛用作编制清单的基础。

方法层级：方法层级代表方法学复杂程度，通常有三个层级。就复杂程度和数据要求而言，第1层是基本方法，第2层是中级方法，第3层要求最高。有时，将第2层和第3层称作较高层级的方法更为准确。

缺省数据：所有类别的方法1旨在利用现成的国内或国际统计资料，结合使用提供的缺省排放因子和已提供的其他参数，因此对所有国家均切实可行。

关键类别：关键类别的概念用来确定对一国的温室气体总清单有重要影响的类别，这些类别对排放量和清除量的绝对水平、排放量和清除量的走势或排放量和清除量的不确定性有重要影响。在数据收集、汇编、质量保证/质量控制和报告方面，各国应优先考虑关键类别。

决策树：每一类别的决策树可帮助编制者浏览指导，并根据其对关键类别的评估，选择适合其具体情况的一级方法。总体而言，除非受资源所限，对关键类别运用较高层级的方法是优良作法。

《IPCC国家温室气体清单优良作法指南》中，最常用的简单方法学方式是，把有关人类活动发生程度的信息（称作"活动数据"或"AD"）与量化单位活动的排放量或清除量的系数结合起来。这些系数称作"排放因子"（EF）。因此，基本的公式如式（5-1）所示。

$$排放 = AD \times EF \tag{5-1}$$

《IPCC国家温室气体清单指南》中第3卷《工业过程与产品使用》的第3章第9节提供了甲醇、乙烯和丙烯、二氯乙烯和丙烯腈生产中估算排放的指南，详细说明了这些石化产品，因为它们的全球生产量及其温室气体排放量相对较大。

石化生产中的排放因使用的过程和原料而有所差异，应对使用的每个产品、过程和原料的方法反复选择。根据数据的可获性，提供了三个方法：

方法 1：基于产品排放因子方法。

方法 2：总原料碳平衡方法。

方法 3：直接估算特定工厂排放。

《IPCC 国家温室气体清单指南》对于计算方法的选择提供了决策树，决策树分为 CO_2 排放估算决策树和 CH_4 排放估算决策树（图 5-1、图 5-2）。

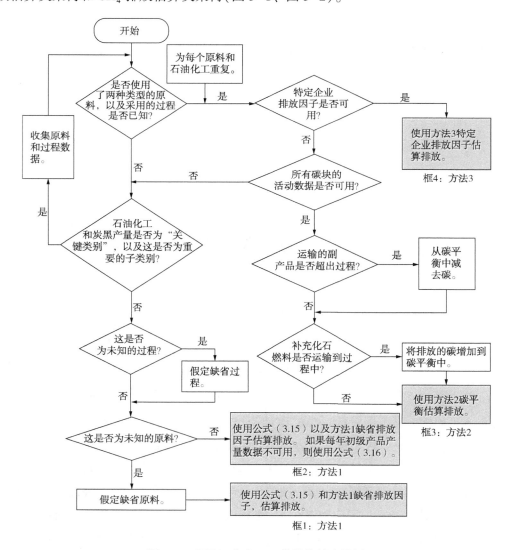

图 5-1　石油工业中 CO_2 排放估算决策树

图中公式(3.15)和公式(3.16)均为《IPCC 国家温室气体清单指南》第 3 卷第 3 章中的公式

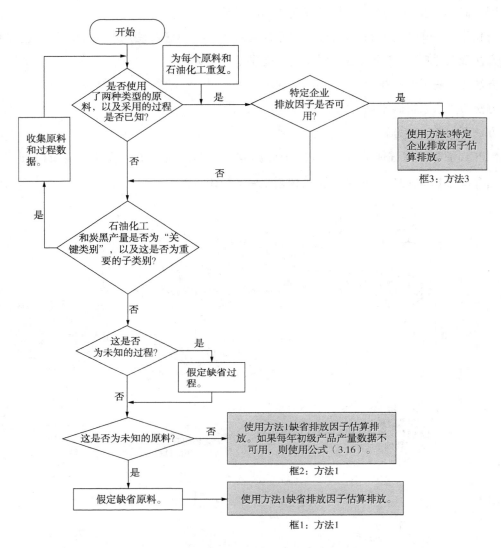

图 5-2　石油工业中 CH_4 排放估算决策树

图中公式(3.16)为《IPCC 国家温室气体清单指南》第 3 卷第 3 章中的公式

方法 3 可用于估算工厂级 CO_2 排放和 CH_4 排放。方法 3 取决于石化过程中工厂特定数据的可获性。方法 2 是一种质量平衡方法，适用于估算 CO_2 排放，却不适用于估算 CH_4 排放。当使用方法 2 时，此过程中初级原料和次级原料的碳流量皆纳入质量平衡计算。此过程中，初级燃料的碳流程可能涉及部分碳氢化合物含量的燃烧，以用于提高热量以及次级燃料(例如烟气)的生产。为了应用方法 2，必须说明此过程初级和次级原料流程以及初级和次级产品流程的特征，还必须说明此过程内能源回收副产品流程以及过程外运输副产品流程的特征。

（二）二氧化碳（CO_2）排放计算方法

1. 方法1：基于产品排放因子方法

石化过程中，如果工厂级特定数据和碳流量活动数据均不可获得，则方法1排放因子方法适用于估算石化过程中的 CO_2 排放。方法1排放因子方法不需要石化生产过程中每个含碳原料消耗量的活动数据。它仅需要已生产产品量的活动数据。方法1不考虑可能由石化过程生成的一氧化碳或非甲烷挥发性有机物（NMVOC）排放的碳含量。本节中石化生产过程的公式还适用于炭黑生产。

根据每个石化生产的活动数据以及每个石化的特定过程排放因子，使用方法1来计算石化过程中的排放，如式（5-2）所示。

$$E_{CO_2,i} = PP_i \times EF_{CO_2,i} \times GAF/100 \tag{5-2}$$

式中　$E_{CO_2,i}$——石化产品 i 生产中 CO_2 排放量，吨；

　　　PP_i——初级石化产品 i 的年产量，吨；

　　　$EF_{CO_2,i}$——石化产品 i 的 CO_2 排放因子，吨（CO_2）/吨（生产的产品）；

　　　GAF——地理调整因子。

如果没有初级产品年产量的活动数据，则初级产品产量可能从原料消耗量估算，如式（5-3）所示。

$$PP_i = \sum_k (FA_{i,k} \times SPP_{i,k}) \tag{5-3}$$

式中　$FA_{i,k}$——石化产品 i 生产中消耗原料 k 的年消耗量，吨/年；

　　　$SPP_{i,k}$——石化产品 i 和原料 k 的特定初级产品产量因子，吨（初级产品）/吨（消耗的原料）。

2. 方法2：总原料碳平衡方法

方法2是特定原料和特定过程的碳平衡方法。如果活动数据可用于原料消耗量以及初级和次级产品产量和处理量，则可以使用此方法[式（5-4）]。

方法2计算差值，即进入生产过程中作为初级原料和次级原料的碳总量与作为石化产品离开生产过程的碳含量之间的差值。初级原料和次级原料的碳含量与过程中生产及回收的初级产品和次级产品的碳含量之间的差值，是以 CO_2 计算的。方法2质量平衡方法基于下列假定：过程的所有碳输入量转换为初级和次级产品或转换为 CO_2。这意味着，假定过程中转换为 CO、CH_4 或非甲烷挥发性有机物的任意碳输入量为 CO_2 排放，用于质量平衡计算。

$$E_{CO_2,i} = \left\{ \sum_k (FA_{i,k} \times FC_k) - \left[PP_i \times PC_i + \sum_j (SP_{i,j} \times SC_j) \right] \right\} \times \frac{44}{12} \tag{5-4}$$

式中　FC_k——原料 k 的碳含量，吨（碳）/吨（原料）；

　　　　PC_i——初级石化产品 i 的碳含量，吨(碳)/吨(产品)；

　　　　$SP_{i,j}$——从石化产品 i 的生产过程中生产的次级产品 j 的年产量，吨/年(对于甲醇、二氯乙烷、环氧乙烷和炭黑过程，$SP_{i,j}$ 的值为零，原因是这些过程中没有产生次级产品)；

　　　　SC_j——次级产品 j 的碳含量，吨(碳)/吨(产品)；

　　　　$\dfrac{44}{12}$——碳与二氧化碳转换系数。

3. 方法3：直接估算特定工厂排放

最严格的优良作法是，使用工厂具体数据，计算石化生产过程的 CO_2 排放。为了运用方法3，需要工厂特定数据和/或工厂特定测量数据。石化生产过程中的排放包括燃料或过程副产品经燃烧为生产过程提供热量或热能时排放的 CO_2，从过程泄放中排放的 CO_2 以及从喷焰燃烧废气中排放的 CO_2，详细计算如式(5-5)至式(5-7)所示。

$$E_{CO_2,i} = E_{CO_2燃烧,i} + E_{CO_2过程泄放,i} + E_{CO_2喷焰燃烧,i} \tag{5-5}$$

式中　$E_{CO_2燃烧,i}$——燃料或过程副产品经燃烧，为石化产品 i 的生产过程提供热量或热能时排放的 CO_2 量，吨；

　　　　$E_{CO_2过程泄放,i}$——石化产品 i 的生产期间从过程泄放中排放的 CO_2 量，吨；

　　　　$E_{CO_2喷焰燃烧,i}$——石化产品 i 的生产期间从喷焰燃烧的废气中排放的 CO_2 量，吨。

$$E_{CO_2燃烧,i} = \sum_k (FA_{i,k} \times NCV_k \times EF_{CO_2,k}) \tag{5-6}$$

式中　NCV_k——燃料 k 的净发热值，太焦/吨；

　　　　$EF_{CO_2,k}$——燃料 k 的 CO_2 排放因子，吨(CO_2)/太焦。

$$E_{CO_2喷焰燃烧,i} = \sum_l (FG_{i,l} \times NCV_l \times EF_{CO_2,l}) \tag{5-7}$$

式中　$FG_{i,l}$——石化产品 l 生产期间火炬气 l 的量，吨；

　　　　NCV_l——火炬气 i 的净发热值，太焦/吨；

　　　　$EF_{CO_2,l}$——火炬气 l 的 CO_2 排放因子，吨(CO_2)/太焦。

(三)甲烷(CH_4)排放计算方法

1. 方法1：基于产品排放因子方法

石化过程中的 CH_4 排放可能是逃逸排放和/或过程泄放排放。逃逸排放来自法兰、阀门和其他过程设备。过程泄放源的排放包括喷焰燃烧中和能源回收系统中的废气不完全燃烧。运用方法1计算 CH_4 排放时，可以使用式(5-8)至式(5-10)计算 CH_4 逃逸排放、过程泄放排放及 CH_4 总排放。

$$E_{CH_4逃逸排放,i} = PP_i \times EF_{fi} \tag{5-8}$$

$$E_{CH_4过程泄放,i} = PP_i \times EF_{pi} \tag{5-9}$$

$$E_{CH_4总排放,i} = E_{CH_4逃逸排放,i} + E_{CH_4过程泄放,i} \tag{5-10}$$

式中　$E_{CH_4总排放,i}$——石化产品 i 生产中 CH_4 总排放量，千克；

　　　　$E_{CH_4逃逸排放,i}$——石化产品 i 生产中 CH_4 的逃逸排放量，千克；

　　　　$E_{CH_4过程泄放,i}$——石化产品 i 生产中 CH_4 的过程泄放排放量，千克；

　　　　EF_{fi}——石化产品 i 的 CH_4 逃逸排放因子，千克(CH_4)/吨(产品)；

　　　　EF_{pi}——石化产品 i 的 CH_4 过程泄放排放因子，千克(CH_4)/吨(产品)。

2. 方法 2：总原料碳平衡方法

总原料碳质量平衡方法不适用于估算 CH_4 排放量。

3. 方法 3：直接估算特定工厂排放

方法 3 基于连续或定期性特定工厂的测量。石化生产过程中的排放，包括燃料或过程副产品经燃烧为生产过程提供热量或热能时排放的 CH_4、从过程泄放中排放的 CH_4 以及从喷焰燃烧废气中排放的 CH_4。如果甲烷直接泄放到大气中，则会成为主要排放。过程泄放中的 CH_4 排放还可以在喷焰燃烧或能源回收装置中燃烧。在估算 CH_4 逃逸排放时，直接在工厂之上或烟囱之中挥发性有机物(VOC)的大气浓度测量是首选的活动数据；然而，这些数据可能不可获取。大气测量通常很昂贵，且通常不采用连续的测量，而是采用离散和定期性的测量程序来获得数据，用作工厂特定排放因子开发的基础。然后，将这些测量程序的结果与其他工厂过程参数关联，从而能够估算测量周期之间的排放。

工厂废气流量中 VOC 浓度和 CH_4 浓度的直接测量，以及工厂阀门、连接件和使用总合泄漏检测程序的相关设备中逃逸 VOC 和 CH_4 排放的直接测量，还可用于获取工厂特定数据，以得出 CH_4 排放的方法 3 估算。然而，对于散发 CH_4 的所有相关工厂设备，工厂特定泄漏探测程序应当提供逃逸 CH_4 排放。类似地，烟囱和通风管道的工厂特定测量数据需要涵盖工厂中主要的烟囱和通风管道 CH_4 排放源，以便为方法 3 排放计算提供基础。

过程烟囱和通风管道中的 CH_4 排放估算，可通过废气中 CH_4 浓度直接测量，或作为废气中 VOC 总浓度组成成分测量。工厂设备(例如阀门、连接件)中，CH_4 的逃逸排放估算可通过特定工厂泄漏探测数据和工厂设备清单得出，假设特定工厂泄漏探测程序和设备清单是总合性的，以便此程序为散发 CH_4 的所有相关工厂设备提供 CH_4 逃逸排放数据。类似地，烟囱和通风管道的工厂特定测量数据需要涵盖工厂中主要的烟囱和通风管道 CH_4 排放源，以便为方法 3 排放计算提供基础。

逃逸排放测量的依据可以是工厂或烟囱顺风处大气中的 CH_4 浓度。这些大气测量数据通常测量整个工厂的排放，而不会隔离不同的源。除了 CH_4 浓度之外，还必须测量烟囱面积和风速，详细计算如式(5-11)至式(5-14)所示。

$$甲烷排放 = \int_t [(C_{总VOC} \times 甲烷比例 - 甲烷背景级别) \times WS \times PA] \tag{5-11}$$

式中　甲烷排放——工厂甲烷总排放量，微克/秒；

$C_{总VOC}$——工厂 VOC 总浓度，微克/米^3；

甲烷比例——甲烷占 VOC 总浓度比例；

甲烷背景级别——背景位置处甲烷的环境浓度，微克/米^3；

WS——工厂中的风速，米/秒；

PA——烟囱面积，米^2；

t——计算 CH_4 总排放量的时间序列；$\int_t$ 代表时间 t 内 CH_4 的总排放量。

$$E_{CH_4,i} = E_{CH_4燃烧,i} + E_{CH_4过程泄放,i} + E_{CH_4喷焰燃烧,i} \qquad (5-12)$$

式中　$E_{CH_4,i}$——石化产品 i 生产中 CH_4 总排放量，千克；

$E_{CH_4燃烧,i}$——燃料或过程副产品经燃烧为石化产品 i 的生产过程提供热量或热能时的 CH_4 排放量，千克；

$E_{CH_4喷焰燃烧,i}$——石化产品 i 的生产期间喷焰燃烧的废气中的 CH_4 排放量，千克。

$$E_{CH_4燃烧,i} = \sum_k \left(FA_{i,k} \cdot NCV_k \cdot EF_{CH_4,k} \right) \qquad (5-13)$$

式中　$EF_{CH_4,k}$——燃料 k 的 CH_4 排放因子，千克/太焦。

$$E_{CH_4喷焰燃烧,i} = \sum_l \left(FG_{i,l} \cdot NCV_l \cdot EF_{CH_4,l} \right) \qquad (5-14)$$

式中　$EF_{CH_4,l}$——火炬气 l 的 CH_4 排放因子，千克/太焦。

（四）选择排放因子

由于方法 2 基于质量平衡原则，方法 3 基于工厂特定数据，因此，没有缺省排放因子适用于方法 2 和方法 3。

对于方法 1，石化产品中 CO_2 排放因子和 CH_4 排放因子如下。CO_2 排放的方法 1 估算因子不包括作为 CO、CH_4 或非甲烷挥发性有机物散发的碳。为石化过程中 CH_4 排放提供了单独的方法 1 排放因子；没有为一氧化碳和非甲烷挥发性有机物排放提供方法 1 排放因子。

如果没有活动数据来识别生产石化产品所用的原料或过程，则方法 1 允许选择缺省原料和缺省过程。如果某国家没有与生产石化产品的特定过程和原料相关的活动数据，则选择《IPCC 国家温室气体清单指南》第 3 卷第 3 章中确定的石化产品、缺省过程和缺省原料，以及其后续各表内确定的相关方法 1 排放因子，用于估算石化生产过程中 CO_2 排放。如果有特定国家因子可用，则特定国家排放因子可代替缺省排放因子。

二、温室气体核算体系：企业核算与报告标准

温室气体议定书（又称温室气体核算体系）倡议组织是在美国的环境非政府组织——世

界资源研究所（WRI）与设在日内瓦的 170 家国际公司组成的世界可持续发展工商理事会（WBCSD）召集的，是企业、非政府组织（NGO）、政府和其他组织成立的多方利益主体的联合行动。倡议活动于 1998 年启动，宗旨是制定国际认可的企业温室气体（GHG）核算与报告准则并推广其采纳范围。

温室气体议定书倡议由两项独立但互相联系的准则组成：《温室气体议定书企业核算与报告准则》《温室气体议定书项目量化准则》。

《温室气体议定书企业核算与报告准则》（温室气体议定书企业准则）第一版于 2001 年 9 月发布，得到全球许多企业、非政府组织和政府的广泛采纳与认可。许多行业、非政府组织和政府的温室气体计划采用该准则作为其核算及报告体系的基础。

《温室气体议定书企业核算与报告准则》为制作温室气体盘查清册的公司和其他类型的组织提供准则和指导，包括《京都议定书》规定的六种温室气体的核算与报告——二氧化碳（CO_2）、甲烷（CH_4）、氧化亚氮（N_2O）、氢氟碳化物（HFCs）、全氟化碳（PFCs）和六氟化硫（SF_6）。准则和指导本着如下目标设计：

（1）帮助公司运用标准方法和原则制作反映其真实排放账户的温室气体盘查清册；

（2）简化并降低编制温室气体盘查清册的费用；

（3）为企业提供信息，用于制定管理和减少温室气体排放的有效策略；

（4）提供参与自愿性和强制性温室气体计划的信息；

（5）提高不同公司和温室气体计划之间温室气体核算与报告的一致性和透明性。

企业运营的法律和组织结构各不相同，包括全资业主、法人与非法人合资、子公司和其他形式。为了进行财务核算、要根据组织结构以及各方之间的关系按照既定的规则对其进行处理。公司在设定组织边界时，先选择一种合并温室气体排放量的办法，然后采用选定的办法一致地界定构成这家公司的业务和运营单位，从而核算并报告温室气体排放量。具体报告信息时，企业可以采用两种不同的方法，即股权比例和控制权法。

一家公司确定了其持有或控制的业务的组织边界后，接着需要设定其运营边界（图 5-3）。这需要确认其业务的排放量，将其分类为直接与间接排放，并选择直接排放的核算与报告范围。

为了有效地对温室气体进行创新管理，设定包括直接排放与间接排放的运营边界有助于更好地管理温室气体排放的全部风险。直接温室气体排放是公司持有或控制的排放源的排放量；间接温室气体排放是公司的活动导致的，但出现在其他公司持有或者控制的排放源（图 5-4）。

（1）范围 1：直接温室气体排放。

直接温室气体排放出现在公司持有或者控制的排放源，如锅炉、熔炉、车辆等产生的燃烧排放；持有或者控制的工艺设备生产化学品所产生的排放。生物质燃烧的直接排放不

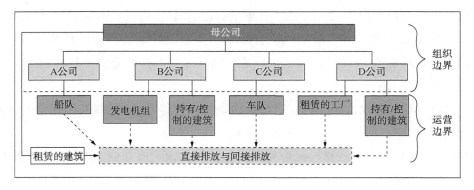

图5-3　组织边界和运营边界

行业	范围1排放源	范围2排放源	范围3排放源1
石油天然气	① 静止燃烧（工艺加热器、引擎、涡轮、燃烧炉、焚烧器、氧化剂、生产电力、热力和蒸汽） ② 工艺排放（工艺通风孔、设备通风孔、维护/修理活动、非例行活动） ③ 移动燃烧（运输原料/产品/废物、公司所有的车辆） ④ 无组织排放（压力设备的泄漏、废水处理、地表蓄水）	静止燃烧（消耗采购的电力、热力或蒸汽）	① 静止燃烧（使用作为燃料的产品、为了生产采购的原料的燃烧） ② 移动燃烧（运输原料/产品/废物、雇员公务旅行、雇员通勤） ③ 工艺排放（使用作为给料的产品、生产采购的原料产出的排放） ④ 无组织排放（废物填埋场或生产采购的原料而排放的甲烷和二氧化碳）

图5-4　石油行业核算范围

计入范围1，应单独报告。《京都议定书》没有涉及的温室气体排放，如氟氯碳化物、氮氧化物等，不计入范围1，可以单独报告。

（2）范围2：电力间接温室气体排放。

范围2核算公司消耗的采购电力产生的温室气体排放。采购电力的定义是通过采购或者其他方式进入公司组织边界的电力。范围2的排放实际上出现在电力生产设施。

（3）范围3：其他间接温室气体排放。

范围3是选择性的报告类别，允许对所有其他间接排放进行处理。范围3的排放是公司活动的结果，但出现在非由公司持有或控制的排放源，如提炼和生产采购的原料，运输采购的燃料，以及使用出售的产品和服务等。

在确定盘查边界后，一般采用如下步骤计算温室气体排放量：

（1）确认温室气体排放源；

（2）选择温室气体排放量计算方法；

（3）收集活动数据和选择排放系数；

（4）采用计算工具；

（5）将温室气体数据汇总到公司一级。

三、ISO 14064 系列温室气体盘查验证标准

国际标准化组织(ISO)是由各国标准化团体(ISO 成员团体)组成的世界性的联合会。制定国际标准工作通常由 ISO 的技术委员会完成。2006 年 3 月，ISO 公布了 ISO 14064 系列温室气体盘查验证标准，它规定了国际上最佳的温室气体资料和数据管理、汇报及验证模式。企业可以通过使用标准化的方法，计算和验证排放量数值，确保 1 吨二氧化碳的测量方式在全球任何地方都是一样的。

该系列标准共包含以下 3 个标准：ISO 14064-1《组织层次上对温室气体排放和清除的量化和报告的规范及指南》、ISO 14064-2《项目层次上对温室气体减排和清除增加的量化、监测和报告的规范及指南》、ISO 14064-3《温室气体声明审定与核查的规范及指南》。

ISO 14064-1 详细规定了在组织(或公司)层次上 GHG 清单的设计、制定、管理和报告的原则和要求，包括确定 GHG 排放边界、量化 GHG 的排放和清除以及识别公司改善 GHG 管理具体措施或活动等方面的要求。

ISO 14064-2 针对专门用来减少 GHG 排放或增加 GHG 清除的项目(或基于项目的活动)。它包括确定项目的基准线情景及对照基准线情景进行监测、量化和报告的原则和要求，并提供进行 GHG 项目审定和核查的基础。

ISO 14064-3 详细规定了 GHG 排放清单核查及 GHG 项目审定或核查的原则和要求，说明了 GHG 的审定和核查过程，并规定了其具体内容，如审定或核查的计划、评价程序以及对组织或项目的 GHG 声明评估等。组织或独立机构可根据该标准对 GHG 声明进行审定或核查。

以上三部分与企业最为直接相关是第一部分和第二部分，即 ISO 14064-1 和 ISO 14064-2，各部分之间的关系如图 5-5 所示。

ISO 14064 期望使 GHG 排放清单和项目的量化、监测、报告、审定和核查具有明确性和一致性，供组织、政府、项目实施者和其他利益相关方在有关活动中采用。

ISO 14064 的作用具体可包括：

(1)加强 GHG 量化的环境一体性；

(2)提高 GHG(包括 GHG 项目中 GHG 的减排和清除增加)量化、监测和报告的可信性、透明性和一致性；

(3)为制定和实施组织 GHG 管理战略和规划提供帮助；

(4)为 GHG 项目的制定和实施提供帮助；

(5)便于提高跟踪检查 GHG 减排和清除增加的绩效和进展的能力；

(6)便于 GHG 减排和清除增加信用额度的签发和交易。

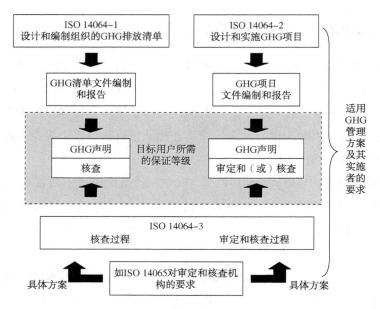

图 5-5　ISO 14064 各部分之间的关系

ISO 14064 可应用于下列方面：

（1）公司风险管理，如识别和管理机遇和风险；

（2）自愿行动，如加入自愿性的 GHG 登记或报告行动；

（3）GHG 市场，对 GHG 配额和信用额的买卖；

（4）法律法规或政府部门要求提交的报告，例如因超前行动取得信用额度，通过谈判达成的协议，或国家报告制度。

ISO 14064-1 为《组织层次上对温室气体排放和清除的量化和报告的规范及指南》，组织应在下列两种方式中选择一种对设施的排放和清除进行合并。

（1）基于控制权的：对组织能从财务或运营方面予以控制的设施的所有定量 GHG 排放和（或）清除进行计算。

（2）基于股权比例的：对各个设施的 GHG 排放和（或）清除按组织所有权的份额进行计算。

当有关 GHG 方案或有法律效力的合同有具体规定时，组织可以采用不同于上述思路的合并方法。

当一个设施处于若干个组织的控制之下时，它们应使用相同的合并方法。

组织应以文件形式规定其应用的整合方法。所采用的整合方法发生变更时组织应作出解释。

组织应确定运营边界并形成文件。确定运营边界包括识别与组织的运营有关的 GHG 排放和清除，按直接排放、能源间接排放和其他间接排放进行分类。其中包括选择哪些须要量化和报告的其他间接排放。如果运营边界发生变化，组织应作出解释。

组织应对组织边界内设施的直接 GHG 排放予以量化。组织宜对组织边界内设施的 GHG 清除予以量化。

组织生产、输出❶和配送的电力、热力和蒸汽所产生的直接 GHG 排放可单独报告，但不应从组织的直接 GHG 排放总量中扣除。

生物质燃烧产生的二氧化碳应单独计算。

组织应对其消耗的外部输入❷的电力、热力或蒸汽的生产所产生的间接 GHG 排放予以量化。

组织还可根据有关 GHG 方案的要求、内部报告的需求或 GHG 排放清单的预定用途对间接 GHG 排放进行量化。

ISO 14064-2 为《项目层次上对温室气体减排和清除增加的量化、监测和报告的规范及指南》，图 5-6 为典型的 GHG 项目流程。

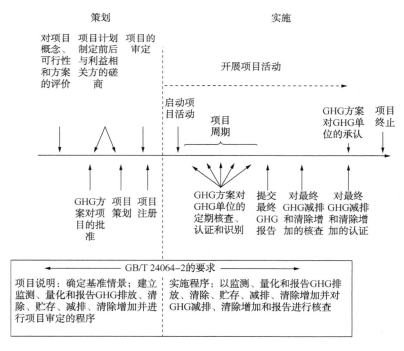

图 5-6　GHG 项目流程

四、PAS 2050——产品碳足迹方法标准

2008 年 10 月，英国标准协会发布 PAS 2050，是全球首个产品碳足迹方法标准，为

---

❶　输出是指由组织向其边界外的用户供应(电力、热力或蒸汽)。

❷　输入是指由组织边界外提供(电力、热力或蒸汽)。

《商品和服务在生命周期内的温室气体排放评价规范》。PAS 2050 规范建立在现有的生命周期评价方法之上，而这些方法则是根据 BS EN ISO 14040 和 BS EN ISO 14044 标准并通过明确规定各种商品和服务在生命周期内的 GHG 排放评价要求而制定的。这些评估要求进一步澄清了与商品和服务在生命周期内 GHG 排放评价有关的上述标准的实施方法，并制定了附属原则和技术手段，这些原则和技术手段阐明了 GHG 评价的基本要素，其中包括：整个商品和服务 GHG 排放评价中部分 GHG 排放评价数据的商业—商业以及商业—客户的使用；应当包括的温室气体的范围；全球增温潜势数据的标准；因土地利用变化、源于生物的以及化石碳源产生的各种排放的处理方法；产品中碳储存的影响的处理方法和抵消；特定工艺中产生的 GHG 排放的各项处置要求；可再生能源产生排放的数据要求和核算；符合性声明。

评价应包括在产品生命周期内各种过程、输入和输出所产生的 GHG 排放，包括但不限于：能源利用（包括能源，如电力，这些能源本身是利用与 GHG 相关的排放过程而生产的）、燃烧过程、化学反应、制冷剂的损失和其他逃逸气体、运营、服务提供和交付、土地利用变化、牲畜和其他农业过程、废物。

应使用下列方法计算一个功能单位的 GHG 排放：

（1）应用活动水平数据乘以该活动的排放因子，将初级活动水平数据和次级数据换算为 GHG 排放量。应以产品每功能单位 GHG 排放量的形式记录。

（2）应用具体 GHG 排放值乘以相应的 GWP 值，将 GHG 数据换算为 CO_2 当量的排放。

（3）各计算结果应相加以获得每个功能单位的按 CO_2 当量表示的 GHG 排放量。当计算这一结果时，这一结果应是：

①商业—消费者：产品完整的生命周期 GHG 排放量（包括使用阶段），以及单独的产品使用阶段的 GHG 排放量。

②商业—商业：在输入到达某一新组织的一点（包括此点）所发生的 GHG 排放，包括所有上游排放。

（4）GHG 排放应按比例放大，以计算任何次要原材料或者次要活动，而在用估算的排放量除以预期生命周期 GHG 排放量比例的计算分析中并未包括这次要的材料和活动。

五、《石油和天然气工业温室气体排放评估方法纲要》

《石油和天然气工业温室气体排放评估方法纲要》（以下简称《石油和天然气排放纲要》或《API 纲要》）由 API（美国石油学会）于 2009 年 8 月发布第三版，文中说明以此版为准。《API 纲要》为所有石油和天然气工业领域提供了详细信息，以便提高排放估算的一致性。首先需要说明的是《API 纲要》既不是标准也不是制定排放清单的推荐操作规程，而是常用温室气体排放估算方法汇编。

　　《API 纲要》着重于阐述工业源温室气体排放估算方法(如何计算排放量),《石油工业温室气体排放汇报指南》主要是解决油气工业面临的温室气体计算和汇报问题(如何汇报排放),石油和天然气工业温室气体排放清单的不确定性说明则是确定最终清单的置信区间。此三类文件可一起作为石油和天然气工业温室气体排放估算、计算和汇报的综合指南。

　　《API 纲要》中所列方法可用于指导独立项目、整体设施或全公司清单的温室气体排放估算。温室气体分析目的和数据的可用性决定细节层次和所选估算方法。纲要描述的方法可用于估算石油和天然气工业作业排放的 6 种温室气体或气族(CO_2、CH_4、N_2O、HFCs、PFCs、SF_6)。这并不意味所有排放源或工业作业都必须估算所有这些温室气体化合物的排放,因为排放源的设计和操作方法不同,排放的温室气体也有很大不同。排放估算方法适用于石油和天然气工业的所有领域。纲要描述的作业和设施从井口到零售店,包括勘探和生产、炼制、海上船舶、管线、打包销售、其他运输和零售市场。《API 纲要》描述的方法仅针对作业产生的排放,而不是产品使用过程中产生的排放。

　　《API 纲要》对不同的工业领域和他们之间的相互关系进行了描述,划分了不同领域的所有设备,列出了需要进行温室气体排放评估的作业和排放源,重点在于与石油和天然气工业作业密切相关 CO_2、CH_4 和 N_2O 排放。

　　间接排放是指由于汇报公司作业行为导致的排放,但排放源属于另一方或被另一方控制。表 5-1 中列出的其他排放源是直接排放源,因为排放源属于汇报公司或被汇报公司控制。为透明起见,如果进行排放汇报,间接排放应与直接排放分开单独汇报,排放源归类方法见表 5-1。

表 5-1　排放源归类方法

类别	主要排放源
直接排放	
燃烧源	
固定设备	锅炉、加热器、燃烧炉、活塞内燃机和涡轮机、火炬、焚烧炉和热氧化炉/催化剂氧化炉
移动排放源	船、轮船、机动有轨车和物资运输卡车;飞机/直升机和其他公司用于人员运输的车辆;叉车,所有地面车辆、建筑设备和其他非公路移动设备
加工工艺排放和放空排放源	
其他放空排放源	原油、凝析油和原油天然气产品储罐、气膜水罐和药剂罐、地下排污槽、燃气气动装置、气体采样器、药剂泵、勘探钻井、装载/压舱/转送和装油栈台
维修/定期检修	炉管除焦、油井放空、压力容器和天然气压缩机减压、压缩机启动、气体取样和管线扫线
非常规作业	减压阀、PCV 阀、燃料供应卸载阀和紧急关停装置
无组织排放源	

类别	主要排放源
无组织排放	阀门、法兰、接头、泵、压缩机密封泄漏和加热器
其他非点源	废水处理和地面蓄水池
间接排放	
电力	场外发电为现场供电
蒸汽/加热	场外为现场加热供应热水和蒸汽
区域供冷	场外为现场制冷提供气体加压(压缩)

《API 纲要》为制定一致的排放估算方法提供了详细的技术考虑和建议。为了达到全球使用统一估算方法的目的,《API 纲要》给出了转换系数、标准天然气处理、石油和天然气工业特有燃料的燃料特性;介绍了评估适用源温室气体排放不确定范围的主要统计计算方法;还对排放系数质量和清单的准确性进行了讨论。

《API 纲要》中直接排放源排放计算方法汇编,包括燃烧设备、工艺处理和作业放空以及无组织排放源。其中每一节都对各种排放源、设备或作业的不同排放估算方法进行了详细描述,包括举例计算。估算方法按照所述直接排放源的常用类别和设备类别进行排列,按作业操作中使用的设备或燃料类型进行估算方法演示,试图尽可能简化计算程序同时又保持最终排放清单的准确性。为了达到目的,《API 纲要》根据一般估算方法提供了适用方案,这样每种设备的详细情况就不是那么重要了。例如,许多燃烧设备的估算方法都一样,不管这些燃烧设备应用于哪一个工业领域。然而,大部分工艺放空对某一工业领域都是特定的,反映该石油和天然气工业领域特定的作业操作。《API 纲要》通篇给出了许多示例以说明计算方法。

《API 纲要》论述适用于估算电力、热力及蒸汽和冷气供应源间接排放的温室气体的方法。在发电产生的间接排放示例中,估算方法基于国家编制的平均排放因子,如美国排放和发电资源,综合数据库(eGRID)和国际能源署(IEA)美国国外排放源。还描述了不同程序建议的热电联产装置电力和热力/蒸汽温室气体排放的不同分配方法。

《API 纲要》举例说明了各个工业领域的排放清单。这些示例用于说明估算方法和排放表格,帮助读者确定设施的关键排放源。为了进行说明,这些示例包括大量不同类型的设备和设施,但并不代表任何特定设施或工业领域。为了证明设施清单统计计算方法的执行情况,示例计算结果也显示出计算不确定性范围的特点。

六、《石油工业温室气体排放汇报指南》

本书是基于 IPIECA(国际石油行业环境保护协会)《石油工业温室气体排放汇报指南》(以下简称《IPIECA 指南》)第二版开展说明及分析的。《IPIECA 指南》的目的是促进石油工业温室气体排放的自愿核算和报告的一致性。虽然希望更大的一致性将导致石油工业公司报告的排放信息更具可比性，但这些准则并不意味着作为行业基准的指南。

工业运营产生的温室气体排放水平高度依赖于这些运营的性质，无论是原油加工和炼油厂生产的产品，还是获得原油和天然气的储层的地质学。因此，通过应用《IPIECA 指南》获得的结果不应被视为衡量石油工业企业固有的温室气体排放效率。

顾名思义，"指南"的目的是提供指导，而不是规定标准。企业在如何解释和报告温室气体排放方面有所不同。在某种程度上，这种不同可能是由于他们参与的强制性和自愿报告计划的要求不同。企业可以使用《IPIECA 指南》来了解其使用的报告方法的影响，并帮助他们决定如何进行企业温室气体排放报告。

公司的温室气体排放清单通常是"自下而上"的，通过在报告单位对各个来源的排放量（或单个燃料类型的总消费量的排放量）进行求和，为报告单位创建库存，报告其排放量，以创建企业库存。报告单位代表活动和资产的逻辑分组，目的是向母公司报告温室气体数据，并且通常代表企业库存的最小构建块。该指南侧重于报告单位层面的排放量核算以及公司层面结果的汇总和报告。

《IPIECA 指南》提供了石油行业企业报告温室气体排放的边界的指导。由于温室气体排放边界在不同的公司或报告计划中有不同的划分，因此该指南强调了促进一致性的方法。此外，还提供了对石油行业常见的经营关系（如生产共享协议）产生的排放量进行核算的指导，但通常不会在关于温室气体排放核算的一般性指导中加以论述。

《IPIECA 指南》描述了如何设计清单以追踪排放随时间的变化。它提供指导各公司可用于设定基准年的比较排放量的各种方法。更重要的是，它包括关于何时以及如何调整基准年方法以便随时间变化的指导，从而在可比的基础上跟踪绩效。它还描述了石油工业公司可以证明其排放性能改进的各种方式。

《IPIECA 指南》提供了关于确定工业温室气体排放的指导，无论是排放的气体类型和排放源，还是报告排放的量化和不确定性。

《IPIECA 指南》描述了报告温室气体排放的过程。对于企业报告，公司可以为各种目的以各种方式（包括组织单位、行业分部门、个别设施或地理区域）汇总温室气体排放。指导一致的方法，以促进公司之间的可比性，同时允许行业内不同活动的多样性。

同时，《IPIECA 指南》为企业如何使用内部资源和计划以及外部各方提供指导，以提供保证和改进其库存流程，讨论了不同类型的保证过程及其使用。

第二节　国内温室气体核算标准概况及说明

为落实建立完善温室气体统计核算制度、逐步建立中国碳排放权交易市场的目标，加快构建国家、地方、企业三级温室气体排放核算工作体系，支持实施重点企业直接报送温室气体排放数据制度，确保完成建立全国碳排放权交易市场等重点改革任务，国家发展和改革委员办公厅相继印发了三批共 24 个行业企业的温室气体核算方法与报告指南（试行）。其中发电企业、电网企业、镁冶炼企业、铝冶炼企业、钢铁生产企业、民用航空企业、平板玻璃生产企业、水泥生产企业、陶瓷生产企业、化工生产企业等 10 个行业已发布国家标准。

国内温室气体核算标准为中国碳市场企业的履约提供了保障和支持，各省（市、自治区）根据国家发布的指南和标准，针对各省的情况对指南做了相应的调整，发布了省内的温室气体排放核算方法与报告指南，使指南更具有操作性，更符合各省（市、自治区）的实际情况。

一、《工业企业温室气体排放核算和报告通则》

（一）适用范围

该标准规定了工业企业温室气体排放核算与报告的术语和定义、基本原则，温室气体排放核算和报告的工作流程，温室气体排放核算边界，温室气体排放核算步骤与方法、质量保证、报告要求等。

该标准适用于指导行业温室气体排放核算方法与报告要求标准的编制，也可以为工业企业开展温室气体排放核算与报告提供方法参考。

（二）核算边界

报告主体应以企业法人或视同法人的独立核算单位为边界，核算和报告其生产系统产生的温室气体排放。生产系统包括主要生产系统、辅助生产系统及直接为生产服务的附属生产系统，其中辅助生产系统包括动力、供电、供水、机修、化验、库房、运输等，附属生产系统包括生产指挥管理系统（厂部）以及厂区内为生产服务的部门和单位（如职工食堂、车间浴室、保育站等）。

核算边界的确定宜参考设施和业务范围及生产工艺流程图。核算边界应包括燃料燃烧排放、过程排放、购入的电力和热力产生的排放、输出的电力和热力产生的排放等。其中，生物质燃料燃烧产生的温室气体排放，应单独核算并在报告中给予说明，但不计入温室气体排放总量。

核算的温室气体范围宜包括：二氧化碳（CO_2）、甲烷（CH_4）、氧化亚氮（N_2O）、氢氟碳化物（HFCs）、全氟化碳（PFCs）、六氟化硫（SF_6）和三氟化氮（NF_3）。

（三）核算方法

核算方法包括两种类型：计算（排放因子法和物料平衡法）和实测。

（1）计算法。

①排放因子法。

采用排放因子法计算时，温室气体排放量为活动数据与温室气体排放因子的乘积，如式（5-15）所示。

$$E_{GHG} = AD \times EF \times GWP \tag{5-15}$$

式中　E_{GHG}——温室气体排放总量，吨 CO_2 当量；

　　　　GWP——全球变暖潜势（数值参考联合国政府间气候变化专门委员会提供的数据）。

②物料平衡法。

使用物料平衡法计算时，根据质量守恒定律，用输入物料中的含碳量减去输出物料中的含碳量进行计算得到二氧化碳排放量，如式（5-16）所示。

$$E_{GHG} = [\sum(M_{输入} \times CC_{输入}) - \sum(M_{输出} \times CC_{输出})] \times w \times GWP \tag{5-16}$$

式中　$M_{输入}$——输入物料的量（单位根据具体排放源确定）；

　　　　$M_{输出}$——输出物料的量（单位根据具体排放源确定）；

　　　　$CC_{输入}$——输入物料的含碳量（单位与输入物料的量的单位相匹配）；

　　　　$CC_{输出}$——输出物料的含碳量（单位与输出物料的量的单位相匹配）；

　　　　w——碳质量转化为温室气体质量的转化系数。

（2）实测法。

通过安装监测仪器、设备（如烟气排放连续监测系统——CEMS），并采用相关技术文件中要求的方法测量温室气体源排放到大气中的温室气体排放量。

（四）计算与汇总温室气体排放量

（1）燃料燃烧排放。

按照燃料种类分别计算其燃烧产生的温室气体排放量，并以二氧化碳当量为单位进行汇总，如式（5-17）所示。

$$E_{燃烧} = \sum_i E_{燃烧,i} \tag{5-17}$$

式中　$E_{燃烧}$——燃料燃烧产生的温室气体排放量总和，吨 CO_2 当量；

　　　　$E_{燃烧,i}$——第 i 种燃料燃烧产生的温室气体排放，吨 CO_2 当量。

（2）过程排放。

按照过程分别计算其产生的温室气体排放量，并以二氧化碳当量为单位进行汇总，如式（5-18）所示。

$$E_{过程} = \sum_i E_{过程,i} \tag{5-18}$$

式中　$E_{过程}$——过程温室气体排放量总和，吨 CO_2 当量；

　　　　$E_{过程,i}$——第 i 个过程产生的温室气体排放，吨 CO_2 当量。

（3）购入的电力、热力产生的排放。

购入的电力、热力产生的二氧化碳排放通过报告主题购入的电力、热力量与排放因子的乘积获得，如式（5-19）和式（5-20）所示。

$$E_{购入电} = AD_{购入电} \times EF_{电} \times GWP \tag{5-19}$$

$$E_{购入热} = AD_{购入热} \times EF_{热} \times GWP \tag{5-20}$$

式中　$E_{购入电}$——购入的电力所产生的二氧化碳排放，吨；

　　　$AD_{购入电}$——购入的电量，兆瓦·时；

　　　$EF_{电}$——电力生产排放因子，吨（CO_2）/（兆瓦·时）；

　　　$E_{购入热}$——购入的热力所产生的二氧化碳排放，吨；

　　　$AD_{购入热}$——购入的热量，吉焦；

　　　$EF_{热}$——热力生产排放因子，吨（CO_2）/吉焦。

（4）输出的电力、热力产生的排放。

输出的电力、热力产生的二氧化碳排放通过报告主体输出的电力、热力与排放因子的乘积获得，如式（5-21）和式（5-22）所示。

$$E_{输出电} = AD_{输出电} \times EF_{电} \times GWP \tag{5-21}$$

$$E_{输出热} = AD_{输出热} \times EF_{热} \times GWP \tag{5-22}$$

式中　$E_{输出电}$——输出的电力所产生的二氧化碳排放，吨；

　　　$AD_{输出电}$——输出的电量，兆瓦·时；

　　　$E_{输出热}$——输出的热力所产生的二氧化碳排放，吨；

　　　$AD_{输出热}$——输出的热量，吉焦。

（5）温室气体排放总量。

温室气体排放总量如式（5-23）所示。

$$E = E_{燃烧} + E_{过程} + E_{购入电} + E_{购入热} + E_{输出电} + E_{输出热} - E_{回收利用} \tag{5-23}$$

式中　E——温室气体排放总量，吨 CO_2 当量；

　　　$E_{回收利用}$——燃料燃烧、工艺过程产生的温室气体回收作为生产原料自用或者作为产品外供所对应的温室气体排放量，吨 CO_2 当量。

二、《中国石油天然气生产企业温室气体排放核算方法与报告指南（试行）》

（一）适用范围

本指南适用于中国石油天然气生产企业温室气体排放量的核算和报告。任何在中国境内从事石油和天然气生产的企业，均可参考本指南核算企业的温室气体排放量，并编制企业温室气体排放报告。如果除石油天然气生产外还存在其他生产活动且伴有温室气体排放的，还应参考其生产活动所属行业的企业温室气体排放核算方法与报告指南，核算并报告这些生产活动的温室气体排放量。

（二）核算边界

报告主体应以独立法人企业或视同法人的独立核算单位为企业边界，核算和报告在运营上受其控制的所有生产设施产生的温室气体排放，设施范围包括与石油天然气生产直接相关的油气勘探、油气开采、油气处理及油气储运各个业务环节(图5-7)的基本生产系统、辅助生产系统以及直接为生产服务的附属生产系统，其中辅助生产系统包括厂区内的动力、供电、供水、采暖、制冷、机修、化验、仪表、仓库(原料场)、运输等，附属生产系统包括生产指挥管理系统(厂部)以及厂区内为生产服务的部门和单位(如职工食堂、车间浴室等)。

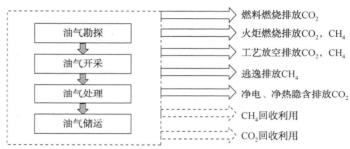

图5-7　石油天然气生产业务温室气体排放源及气体种类示意图

> **要点分析**
>
> 　按照运营控制权法，租赁来的设备也应纳入报告范围；租赁出去的设备不纳入报告范围；外包出去的生产活动不纳入报告范围。

（三）核算方法

企业温室气体排放总量计算如式(5-24)所示。

$$E_{GHG} = E_{CO_2燃烧} + E_{GHG火炬} + \sum_s (E_{GHG工艺} + E_{GHG逃逸})_s - R_{CH_4回收} \times \qquad (5-24)$$

$$GWP_{CH_4} - R_{CO_2回收} + E_{CO_2净电} + E_{CO_2净热}$$

式中　E_{GHG}——企业温室气体排放总量，吨 CO_2 当量；

$E_{CO_2燃烧}$——企业由于化石燃料燃烧活动产生的 CO_2 排放，吨；

$E_{GHG火炬}$——企业因火炬燃烧导致的温室气体排放，吨 CO_2 当量；

$E_{GHG工艺}$——企业各业务类型的工艺放空排放，吨 CO_2 当量；

$E_{GHG逃逸}$——企业各业务类型的设备逃逸排放，吨 CO_2 当量；

s——企业涉及的业务类型(包括油气勘探、油气开采、油气处理、油气储运业务)；

$R_{CH_4回收}$——企业的 CH_4 回收利用量，吨；

GWP_{CH_4}——CH_4 相比 CO_2 的全球变暖潜势（GWP）值（根据 IPCC 第二次评估报告，100 年时间尺度内 1 吨 CH_4 相当于 21 吨 CO_2 的增温能力，因此 GWP_{CH_4} 等于 21）；

$R_{\text{CO}_2\text{回收}}$——企业的 CO_2 回收利用量，吨；

$E_{\text{CO}_2\text{净电}}$——企业净购入电力隐含的 CO_2 排放，吨；

$E_{\text{CO}_2\text{净热}}$——企业净购入热力隐含的 CO_2 排放，吨。

（1）燃料燃烧 CO_2 排放量计算见式（5-25）。

$$E_{\text{CO}_2\text{燃烧}} = \sum_j \sum_i \left(\text{AD}_{i,j} \times \text{CC}_{i,j} \times \text{OF}_{i,j} \times \frac{44}{12} \right) \tag{5-25}$$

式中　i——化石燃料的种类；

j——燃烧设施序号；

$\text{AD}_{i,j}$——燃烧设施 j 内燃烧的化石燃料品种 i 消费量，对固体或液体燃料以吨为单位，对其他气体燃料以气体燃料标准状况下的体积（万米^3）为单位，非标准状况下的体积需转化成标准状况下的体积进行计算；

$\text{CC}_{i,j}$——设施 j 内燃烧的化石燃料 i 的含碳量，对固体和液体燃料以吨（碳）/吨（燃料）为单位，对气体燃料以吨（碳）/万米^3（标）为单位；

$\text{OF}_{i,j}$——设施 j 内燃烧的化石燃料 i 的碳氧化率，取值范围为 0~1。

（2）火炬燃烧排放量计算见式（5-26）至式（5-30）。

$$E_{\text{GHG}\text{火炬}} = E_{\text{CO}_2\text{正常火炬}} + E_{\text{CO}_2\text{事故火炬}} + (E_{\text{CH}_4\text{正常火炬}} + E_{\text{CH}_4\text{事故火炬}}) \times \text{GWP}_{\text{CH}_4} \tag{5-26}$$

①正常工况火炬温室气体排放。

$$E_{\text{CO}_2\text{正常火炬}} = \sum_i \left[Q_{\text{正常火炬}} \times \left(\text{CC}_{\text{非CO}_2} \times \text{OF}_i \times \frac{44}{12} + V_{\text{CO}_2} \times 19.7 \right) \right]_i \tag{5-27}$$

$$E_{\text{CH}_4\text{正常火炬}} = \sum_i \left[Q_{\text{正常火炬}} \times V_{\text{CH}_4} \times (1 - \text{OF}_i) \times 7.17 \right]_i \tag{5-28}$$

式中　$E_{\text{CO}_2\text{正常火炬}}$——正常状态下火炬气燃烧 CO_2 排放量，吨；

$E_{\text{CH}_4\text{正常火炬}}$——正常状态下火炬气中 CH_4 排放量，吨；

i——火炬系统序号；

$Q_{\text{正常火炬}}$——正常生产状态下第 i 号火炬系统的火炬气流量，万米^3（标）；

$\text{CC}_{\text{非CO}_2}$——火炬气中除 CO_2 外其他含碳化合物的总含碳量，吨（碳）/万米^3（标）；

OF_i——第 i 号火炬系统的碳氧化率，如无实测数据可采用缺省值 0.98；

V_{CO_2}——火炬气中 CO_2 的体积分数，取值范围为 0~1（如火炬气中 CO_2 的体积分数为 2%，则 V_{CO_2} 取 0.02）；

V_{CH_4}——火炬气中 CH_4 的体积分数；

19.7——CO_2 气体在标准状况下的密度，吨/万米^3（标）；

7.17——CH_4 气体在标准状况下的密度，吨/万米^3（标）。

②事故火炬温室气体排放。

$$E_{CO_2事故火炬} = \sum_j GF_{事故,j} \times T_{事故,j} \times \left(CC_{非CO_2,j} \times OF \times \frac{44}{12} + V_{CO_2,j} \times 19.7 \right) \quad （5-29）$$

$$E_{CH_4事故火炬} = \sum_j [GF_{事故,j} \times T_{事故,j} \times V_{CH_4事故} \times （1 - OF） \times 7.17]_j \quad （5-30）$$

式中 $E_{CO_2事故火炬}$——事故火炬气燃烧 CO_2 排放量，吨；

$E_{CH_4事故火炬}$——事故火炬气中 CH_4 的排放量，吨；

j——事故次数；

$GF_{事故,j}$——报告期内第 j 次事故状态时的火炬气流速度，万米^3（标）/时；

$T_{事故,j}$——报告期内第 j 次事故的持续时间，时；

$CC_{非CO_2,j}$——第 j 次事故火炬气中除 CO_2 外其他含碳化合物的总含碳量，吨（碳）/万米^3（标）；

OF——火炬燃烧的碳氧化率，如无实测数据可采用缺省值 0.98；

$V_{CO_2,j}$——第 j 次事故火炬气中 CO_2 的体积分数；

$V_{CH_4事故}$——事故火炬气中 CH_4 的体积分数。

（3）油气勘探业务温室气体排放量计算见式（5-31）。

$$E_{CH_4试井} = \sum_{k=1}^{N} （Q_k \times H_k \times V_{CH_4,k} \times 7.17 \times 10^{-4}） \quad （5-31）$$

式中 $E_{CH_4试井}$——天然气井试井作业时直接排放的 CH_4 量，吨；

k——试井作业时直接放空的天然气井序号；

Q_k——第 k 个实施无阻放空试井作业的天然气井的无阻流量，无阻流量需折算成标准状况下气体体积计算，米^3（标）/时；

H_k——报告期内第 k 个天然气井进行试井作业的作业时数，时；

$V_{CH_4,k}$——第 k 个天然气井排放气中的 CH_4 体积分数，取值范围 0~1。

（4）油气开采业务温室气体排放量计算见式（5-32）和式（5-33）。

①油气开采业务工艺放空排放。

$$E_{CH_4开采放空} = \sum_j （Num_j \times EF_j） \quad （5-32）$$

式中 $E_{CH_4开采放空}$——油气开采环节产生的工艺放空 CH_4 排放量，吨；

j——油气开采系统中的装置类型（包括原油开采的井口装置、单井储油装置、接转站、联合站及天然气开采中的井口装置、集气站、计量/配气站、储气站等）；

Num_j——第 j 个装置的数量，个；

EF_j——第 j 个装置的工艺放空 CH_4 排放因子，吨（CH_4）/（年·个）。

②油气开采业务 CH_4 逃逸排放。

$$E_{CH_4开采逃逸} = \sum_j (Num_{油,j} \times EF_{油,j}) + \sum_j (Num_{气,j} \times EF_{气,j}) \tag{5-33}$$

式中　$E_{CH_4开采逃逸}$——原油开采或天然气开采中所有设施类型(包括原油开采的井口装置、单井储油装置、接转站、联合站及天然气开采中的井口装置、集气站、计量/配气站、储气站等)产生的 CH_4 逃逸排放，吨;

　　　　j——不同的设施类型;

　　　　$Num_{油,j}$——原油开采业务所涉及的泄漏设施类型数量，个;

　　　　$EF_{油,j}$——原油开采业务中涉及的每种设施类型 j 的 CH_4 逃逸排放因子，吨(CH_4)/(年·个);

　　　　$Num_{气,j}$——天然气开采业务所涉及的泄漏设施类型数量，个;

　　　　$EF_{气,j}$——天然气开采业务中涉及的每种设施类型 j 的 CH_4 逃逸排放因子，吨(CH_4)/(年·个)。

(5)油气处理业务温室气体排放量计算见式(5-34)至式(5-36)。

①油气处理业务工艺放空排放。

a. 天然气处理过程工艺放空 CH_4 排放。

$$E_{CH_4气处理放空} = Q_气 \times EF_{CH_4气处理放空} \tag{5-34}$$

式中　$E_{CH_4气处理放空}$——天然气处理过程中工艺放空 CH_4 排放，吨;

　　　　$Q_气$——天然气处理量，亿米³(标);

　　　　$EF_{CH_4气处理放空}$——天然气处理过程中工艺放空 CH_4 排放因子，吨(CH_4)/亿米³(标)。

b. 天然气处理过程工艺放空 CO_2 排放。

$$E_{CO_2酸气脱除} = \sum_{k=1}^{N} (Q_{进入,k} \times V_{入口CO_2,k} - Q_{处理后,k} \times V_{处理后CO_2,k}) \times \frac{44}{22.4} \times 10 \tag{5-35}$$

式中　$E_{CO_2酸气脱除}$——酸气脱除过程中产生的 CO_2 年排放量，吨;

　　　　k——脱酸设备序号;

　　　　$Q_{进入,k}$——进入第 k 套酸气脱除设备处理的气体体积，万米³(标);

　　　　$V_{入口CO_2,k}$——第 k 套酸气脱除设备入口处(未处理)气体中 CO_2 体积分数，取值范围 0~1;

　　　　$Q_{处理后,k}$——经过第 k 套酸气脱除设备处理后的气体体积，万米³(标);

　　　　$V_{处理后CO_2,k}$——经过第 k 套酸气脱除设备处理后的气体中 CO_2 体积分数，取值范围 0~1;

　　　　44——CO_2 气体的摩尔质量，千克/千摩尔。

②油气处理业务 CH_4 逃逸排放。

$$E_{CH_4气处理逃逸} = Q_气 \times EF_{CH_4气处理逃逸} \tag{5-36}$$

式中　$E_{CH_4气处理逃逸}$——天然气处理过程 CH_4 逃逸排放，吨；

$Q_气$——天然气的处理量，亿米^3（标）；

$EF_{CH_4气处理逃逸}$——单位天然气处理量的 CH_4 逃逸排放因子，吨（CH_4）/亿米^3（标）天然气。

（6）油气储运业务温室气体排放见式（5-37）至式（5-39）。

①油气储运业务工艺放空排放。

$$E_{CH_4气输放空} = \sum_j (Num_j \times EF_j) \tag{5-37}$$

式中　$E_{CH_4气输放空}$——天然气输送环节产生的工艺放空排放量，吨；

j——天然气输送环节不同的设施类型［包括压气站/增压站、计量站/分输站、管线（逆止阀）、清管站等］；

Num_j——第 j 个油气输送设施的数量，个；

EF_j——第 j 个油气输送设施的工艺放空排放因子，吨（CH_4）/（年·个）。

②油气储运业务 CH_4 逃逸排放。

$$E_{CH_4油输逃逸} = Q_油 \times EF_{CH_4油输逃逸} \tag{5-38}$$

式中　$E_{CH_4油输逃逸}$——原油输送过程中产生的 CH_4 逃逸排放，吨；

$Q_油$——原油输送量，亿吨；

$EF_{CH_4油输逃逸}$——原油输送的 CH_4 逃逸排放因子，吨（CH_4）/亿吨（原油）。

$$E_{CH_4气输逃逸} = \sum_j (Num_j \times EF_j) \tag{5-39}$$

式中　$E_{CH_4气输逃逸}$——天然气输送过程中产生的 CH_4 逃逸排放，吨；

Num_j——天然气输送过程中产生逃逸排放的设施 j［包括天然气输送环节中的压气站/增压站、计量站/分输站、管线（逆止阀）等］的数量，个；

EF_j——每个设施 j 的 CH_4 逃逸排放因子，吨（CH_4）/（年·个）。

（7）CH_4 回收利用量见式（5-40）。

$$R_{CH_4回收} = Q_回收 \times PUR_{CH_4} \times 7.17 \tag{5-40}$$

式中　$Q_回收$——企业回收的 CH_4 气体体积，万米^3（标）；

PUR_{CH_4}——CH_4 气体的纯度（CH_4 体积分数），取值范围为 0~1。

（8）CO_2 回收利用量见式（5-41）。

$$R_{CO_2回收} = Q_回收 \times PUR_{CO_2} \times 19.7 \tag{5-41}$$

式中　$Q_回收$——企业回收的 CO_2 气体体积，万米^3（标）；

PUR_{CO_2}——CO_2 气体的纯度（CO_2 体积分数），取值范围为 0~1。

(9)净购入电力和热力隐含的 CO_2 排放见式(5-42)和式(5-43)。

$$E_{CO_2净电} = AD_{电力} \times EF_{电力} \qquad (5-42)$$

$$E_{CO_2净热} = AD_{热力} \times EF_{热力} \qquad (5-43)$$

式中　$AD_{电力}$——企业净购入的电力消费，兆瓦·时；

　　　$AD_{热力}$——企业净购入的热力消费，吉焦；

　　　$EF_{电力}$——电力供应的 CO_2 排放因子，吨(CO_2)/兆瓦·时；

　　　$EF_{热力}$——热力供应的 CO_2 排放因子，吨(CO_2)/吉焦。

分析

核算全厂排放量时，电力排放因子选择最新公布的区域电网排放因子，补充数据电力排放因子采用 2015 年全国电网平均排放因子 0.6101 吨(CO_2)/兆瓦·时。

对于异常火炬气流量没有进行监测的，可按设计流量计算。

各站场数据上报口径不完全统一，比如对电力的计量，有的站场采取的是按自然月读数计量的方法，有的站场则是采取与供电局发票数据保持一致的策略，虽然从理论上来讲，两者数据相差不大，但是从规范化管理的精细化管理角度上来讲，统一标准更有利于提高数据质量。

对放空气的计量未区分直接放空气体和经火炬燃烧放空气体。对于站场由于设备更换或者管道改线所造成的天然气放空，计量时未区分出有多少气体是直接放空，有多少气体是经火炬燃烧后排放。由于两者计算方法不同，天然气直接放空的温室效应更加显著，如不作区分，对于放空气体造成的温室气体排放量有较大的影响。

机关、宿舍和部分维抢修队的能耗数据未统计。

部分场所存在外购市政热力的情况，但此部分数据没有进行统计。

数据方面，落实交叉核对数据的出处。根据对中国石油几个管道公司盘查的情况来看，目前企业所能提供的交叉验证的数据大多数出于财务科，包括电力结算单、电费发票、汽油(厂内用车)加油票、柴油加油票等。但目前的财务管理中并未要求将电量、油量作为一个必填量录入到财务系统中，导致财务无法直接导出对应月对应年的电力消耗量、汽油(厂内用车)消耗量或者柴油消耗量，建议在可能的情况下，至少将购电量数据完整地录入财务系统，方便核查机构对数据进行交叉核对。对于汽油(厂内用车)量和柴油量，由于报销分散，数据量较大且票据较多样化，如果可能的情况下，希望可以将对应量也录入财务系统。对于天然气自耗量、原油自耗量等数据，建议通过相关内部考核体系现出对量的记录，从而得到除初始填报以外的其他数据。

对于工艺放空气体，希望可以明确区分出哪些燃烧后排放、哪些直接放空并在放空审批单作相应说明。补充缺失数据，由于统计口径的问题，系统填报更关注于生产数据，而与生产不直接相关的数据，系统里并未进行填报，比如机关单位的用电、用气和车用汽油(厂内用车)。

根据核算指南的要求，与生产相关的办公室、维抢修队等的能源消耗也需要计入相应总体排放量，建议各分公司将相应数据首先完成系统的填报，同时准备好相应凭证。

三、《中国石油化工企业温室气体排放核算方法与报告指南(试行)》

(一)适用范围

本指南适用于中国石油炼制或石油工业企业温室气体排放量的核算和报告。任何在中国境内以石油、天然气为主要原料生产石油产品和石油工业产品的企业，均可参考本指南核算企业的温室气体排放量，并编制企业温室气体排放报告。

要点分析

根据《国民经济行业分类》，石化生产企业包括原油加工及石油制品制造(2511)。

任何在中国境内以石油、天然气为主原料生产石油产品和石油工业产品的企业，均可参考本指南核算企业的温室气体排放量。对于涉及石油工业生产但非主营业务的企业，其石油工业生产部分温室气体排放量的核算和报告可按本指南进行。

(二)核算边界

报告主体应以独立法人企业或视同法人的独立核算单位为企业边界，核算和报告在运营上受其控制的所有生产设施产生的温室气体排放。设施范围包括基本生产系统、辅助生产系统以及直接为生产服务的附属生产系统，其中辅助生产系统包括厂区内的动力、供电、供水、采暖、制冷、机修、化验、仪表、仓库(原料场)、运输等，附属生产系统包括生产指挥管理系统(厂部)以及厂区内为生产服务的部门和单位(如职工食堂、车间浴室等)。

要点分析

根据国家统计局于2011年10月20日印发的《统计单位划分及具体处理办法》(国统字[2011]96号)，法人企业是指依据《中华人民共和国公司登记管理条例》《中华人民共和国企业法人登记管理条例》等国家法律和法规，经各级工商行政管理机关登记注册，领取《企业法人营业执照》的企业。包括公司制企业法人、非公司制企业法人、依据《中华人民共和国个人独资企业法》《中华人民共和国合伙企业法》，经各级工商行政管理机关登记注册，领取《营业执照》的个人独资企业、合伙企业。

法人单位下属跨省的分支机构，符合以下条件的，经与分支机构上级法人单位协商一致，并经国家统计局认可，可视同法人单位处理：

（1）在当地工商行政管理机关领取《营业执照》，并有独立的场所；

（2）以该分支机构的名义独立开展生产经营活动一年或一年以上；

（3）该分支机构的生产经营活动依法向当地纳税；

（4）具有包括资产负债表在内的账户，或者能够根据统计调查的需要提供财务资料。

（三）核算方法

企业温室气体排放总量计算如式（5-44）所示。

$$E_{GHG} = E_{CO_2燃烧} + E_{CO_2火炬} + E_{CO_2过程} - R_{CO_2回收} + E_{CO_2净电} + E_{CO_2净热} \tag{5-44}$$

（1）燃料燃烧 CO_2 排放量计算见式（5-45）。

$$E_{CO_2燃烧} = \sum_j \sum_i \left(AD_{i,j} \times CC_{i,j} \times OF_{i,j} \times \frac{44}{12} \right) \tag{5-45}$$

式中　$E_{CO_2燃烧}$——企业的化石燃料燃烧 CO_2 排放量，吨；

　　　　i——化石燃料的种类；

　　　　j——燃烧设施序号；

　　　　$AD_{i,j}$——燃烧设施 j 内燃烧的化石燃料品种 i 消费量，对固体或液体燃料以及炼厂干气以吨为单位，对其他气体燃料以气体燃料标准状况下的体积（万米³）为单位，非标准状况下的体积需转化成标准状况下的体积进行计算；

　　　　$CC_{i,j}$——设施 j 内燃烧的化石燃料 i 的含碳量，对固体和液体燃料以吨（碳）/吨（燃料）为单位，对气体燃料以吨（碳）/万米³（标）为单位；

　　　　$OF_{i,j}$——设施 j 内燃烧的化石燃料 i 的碳氧化率，取值范围为 $0 \sim 1$。

（2）火炬燃烧 CO_2 排放量 $E_{CO_2火炬}$ 的计算见式（5-46）至式（5-48）。

$$E_{CO_2火炬} = E_{CO_2正常火炬} + E_{CO_2事故火炬} \tag{5-46}$$

式中　$E_{CO_2火炬}$——火炬燃烧 CO_2 排放量，吨。

①正常工况火炬燃烧 CO_2 排放量 $E_{CO_2正常火炬}$ 的计算。

$$E_{CO_2正常火炬} = \sum_i \left[Q_{正常火炬} \times \left(CC_{非CO_2} \times OF \times \frac{44}{12} + V_{CO_2} \times 19.7 \right) \right]_i \tag{5-47}$$

式中　$E_{CO_2正常火炬}$——正常工况火炬燃烧 CO_2 排放量，吨；

i——火炬系统序号；

$Q_{正常火炬}$——正常工况下第 i 号火炬系统的火炬气流量，万米³（标）；

$CC_{非CO_2}$——火炬气中除 CO_2 外其他含碳化合物的总含碳量，吨（碳）/万米³（标）；

OF——第 i 号火炬系统的碳氧化率，如无实测数据可取缺省值 0.98；

V_{CO_2}——火炬气中 CO_2 的体积分数，%；

19.7——CO_2 气体在标准状况下的密度，吨（CO_2）/万米³（标）。

②事故火炬燃烧 CO_2 排放量 $E_{CO_2事故火炬}$ 的计算。

$$E_{CO_2事故火炬} = \sum_{j}\left(GF_{事故,j} \times T_{事故,j} \times CN_j \times \frac{44}{22.4} \times 10\right) \quad (5-48)$$

式中 $E_{CO_2事故火炬}$——事故火炬燃烧 CO_2 排放量，吨；

j——事故次数；

$GF_{事故,j}$——报告期内第 j 次事故状态时的平均火炬气流速度，万米³（标）/时；

$T_{事故,j}$——报告期内第 j 次事故的持续时间，时；

CN_j——第 j 次事故火炬气气体摩尔组分的平均碳原子数目；

44——CO_2 的摩尔质量，克/摩尔。

（3）工业生产过程 CO_2 排放量 $E_{CO_2过程}$ 的计算见式（5-49）至式（5-56）。

①催化裂化装置。

$$E_{CO_2烧焦} = \sum_{j=1}^{N}\left(MC_j \times CF_j \times OF \times \frac{44}{12}\right) \quad (5-49)$$

式中 $E_{CO_2烧焦}$——催化裂化装置烧焦产生的 CO_2 年排放量，吨；

j——催化裂化装置序号；

MC_j——第 j 套催化裂化装置烧焦量，吨；

CF_j——第 j 套催化裂化装置催化剂结焦的平均含碳量，吨（碳）/吨（石油焦）；

OF——烧焦过程的碳氧化率。

②催化重整装置。

$$E_{CO_2烧焦} = \sum_{j=1}^{N}\left[MC_j \times \left(CF_{前,j} - \frac{1 - CF_{前,j}}{1 - CF_{后,j}} \times CF_{后,j}\right) \times \frac{44}{12}\right] \quad (5-50)$$

式中 $E_{CO_2烧焦}$——催化剂间歇烧焦再生导致的 CO_2 排放量，吨；

j——催化重整装置序号；

MC_j——第 j 套催化重整装置在整个报告期内待再生的催化剂量，吨；

$CF_{前,j}$——第 j 套催化重整装置再生前催化剂上的含碳量；

$CF_{后,j}$——第 j 套催化重整装置再生后催化剂上的含碳量。

备注：本公式适用于间歇烧焦，连续烧焦按式（3-49）计算。

③其他生产装置催化剂烧焦再生。

按式(3-49)和式(3-50)计算，在此不再赘述。

④制氢装置。

$$E_{CO_2制氢} = \sum_{j=1}^{N} [AD_j \times CC_j - (Q_{sg} + CC_{sg} + Q_w \times CC_w)] \times \frac{44}{12} \quad (5-51)$$

式中　$E_{CO_2制氢}$——制氢装置产生的 CO_2 排放，吨；

　　　j——制氢装置序号；

　　　AD_j——第 j 个制氢装置原料投入量，吨；

　　　CC_j——第 j 个制氢装置原料的平均含碳量，吨(碳)/吨(原料)或%；

　　　Q_{sg}——第 j 个制氢装置产生的合成气的量，万米³(标)合成气；

　　　CC_{sg}——第 j 个制氢装置产生的合成气的含碳量，吨(碳)/万米³(标，合成气)；

　　　Q_w——第 j 个制氢装置产生的残渣量，吨；

　　　CC_w——第 j 个制氢装置产生的残渣的含碳量，吨(碳)/吨(残渣)。

⑤焦化装置。

按①和③的公式计算，在此不再赘述。

⑥石油焦煅烧装置。

$$E_{CO_2煅烧} = \sum_{j=1}^{N} [M_{RC,j} \times CC_{RC,j} - (M_{PC,j} + M_{ds,j}) \times CC_{PC,j}] \times \frac{44}{12} \quad (5-52)$$

式中　$E_{CO_2煅烧}$——石油焦煅烧装置 CO_2 排放量，吨；

　　　j——石油焦煅烧装置序号；

　　　$M_{RC,j}$——进入第 j 套石油焦煅烧装置的生焦的质量，吨；

　　　$CC_{RC,j}$——进入第 j 套石油焦煅烧装置的生焦的平均含碳量，吨(碳)/吨(生焦)；

　　　$M_{PC,j}$——第 j 套石油焦煅烧装置产出的石油焦成品的质量，吨；

　　　$M_{ds,j}$——第 j 套石油焦煅烧装置的粉尘收集系统收集的石油焦粉尘的质量，吨；

　　　$CC_{PC,j}$——第 j 套石油焦煅烧装置产出的石油焦成品的平均含碳量，吨(碳)/吨(石油焦)。

⑦氧化沥青装置。

$$E_{CO_2沥青} = \sum_{j=1}^{N} (M_{oa,j} \times EF_{oa,j}) \quad (5-53)$$

式中　$E_{CO_2沥青}$——沥青氧化装置 CO_2 年排放量，吨；

　　　j——氧化沥青装置序号；

　　　$M_{oa,j}$——第 j 套氧化沥青装置的氧化沥青产量，吨；

　　　$EF_{oa,j}$——第 j 套装置沥青氧化过程的 CO_2 排放系数，吨(CO_2)/吨(氧化沥青)。

⑧乙烯裂解装置。

$$E_{\mathrm{CO_2裂解}} = \sum_{j=1}^{N} [Q_{\mathrm{wg},j} \times T_{\mathrm{wg},j} \times (\mathrm{Con}_{\mathrm{CO_2},j} + \mathrm{Con}_{\mathrm{CO},j}) \times 19.7 \times 10^{-4}] \qquad (5-54)$$

式中　$E_{\mathrm{CO_2裂解}}$——乙烯裂解装置炉管烧焦产生的 CO_2 排放，吨（CO_2）/年；

j——乙烯裂解装置序号，1，2，3，…，N；

$Q_{\mathrm{wg},j}$——第 j 套乙烯裂解装置的炉管烧焦尾气平均流量，需折算成标准状况下气体体积，米³（标）/时；

T_j——第 j 套乙烯裂解装置的年累计烧焦时间，时/年；

$\mathrm{Con}_{\mathrm{CO_2},j}$——第 j 套乙烯裂解装置炉管烧焦尾气中 CO_2 的体积分数；

$\mathrm{Con}_{\mathrm{CO},j}$——第 j 套乙烯裂解装置炉管烧焦尾气中 CO 的体积分数。

⑨乙二醇/环氧乙烷生产装置。

$$E_{\mathrm{CO_2乙二醇}} = \sum_{j=1}^{N} \left[(\mathrm{RE}_j \times \mathrm{REC}_j - \mathrm{EO}_j \times \mathrm{EOC}_j) \times \frac{44}{12} \right] \qquad (5-55)$$

式中　$E_{\mathrm{CO_2乙二醇}}$——乙二醇生产装置 CO_2 排放量，吨；

j——企业乙二醇生产装置序号，1，2，3，…，N；

RE_j——第 j 套乙二醇装置乙烯原料用量，吨；

REC_j——第 j 套乙二醇装置乙烯原料的含碳量，吨（碳）/吨（乙烯）；

EO_j——第 j 套乙二醇装置的当量环氧乙烷产品产量，吨；

EOC_j——第 j 套乙二醇装置环氧乙烷的含碳量，吨（碳）/吨（环氧乙烷）。

⑩其他产品生产装置。

$$E_{\mathrm{CO_2其他}} = \left\{ \sum_r (\mathrm{AD}_r \times \mathrm{CC}_r) - \left[\sum_p (Y_p \times \mathrm{CC}_p) + \sum_w (Q_w \times \mathrm{CC}_w) \right] \right\} \times \frac{44}{12} \qquad (5-56)$$

式中　$E_{\mathrm{CO_2其他}}$——某个其他产品生产装置 CO_2 排放量，吨；

AD_r——该装置生产原料 r 的投入量，对固体或液体原料以吨为单位，对气体原料以万米³（标）为单位；

CC_r——原料 r 的含碳量，对固体或液体原料以吨（碳）/吨（原料）为单元，对气体原料以吨（碳）/万米³（标）为单位；

Y_p——该装置产出的产品 p 的产量，对固体或液体产品以吨为单位，对气体产品以万米³（标）为单位；

CC_p——产品 p 的含碳量，对固体或液体产品以吨（碳）/吨（产品）为单元，对气体产品以吨（碳）/万米³（标）为单位；

Q_w——该装置产出的各种含碳废物的量，吨；

CC_w——含碳废物 w 的含碳量，吨（碳）/吨（废物）。

（4）CO_2 回收利用量计算见式（5-57）。

$$R_{CO_2回收} = (Q_{外供} \times PUR_{CO_2外供} + Q_{自用} \times PUR_{CO_2自用}) \times 19.7 \tag{5-57}$$

式中　$R_{CO_2回收}$——报告主体的 CO_2 回收利用量，吨；

$\quad\quad Q_{外供}$——报告主体回收且外供的 CO_2 气体体积，万米³（标）；

$\quad\quad Q_{自用}$——报告主体回收且自用作生产原料的 CO_2 气体体积，万米³（标）；

$\quad\quad PUR_{CO_2外供}$——CO_2 外供气体的纯度（CO_2 体积分数），取值范围为 0~1；

$\quad\quad PUR_{CO_2自用}$——CO_2 原料气的纯度，取值范围为 0~1；

$\quad\quad 19.7$——标准状况下 CO_2 气体的密度，吨（CO_2）/万米³（标）。

（5）净购入电力和热力隐含的 CO_2 排放量计算见式（5-58）和式（5-59）。

$$E_{CO_2净电} = AD_{电力} \times EF_{电力} \tag{5-58}$$

$$E_{CO_2净热} = AD_{热力} \times EF_{热力} \tag{5-59}$$

式中　$E_{CO_2净电}$——企业净购入的电力消费引起的 CO_2 排放，吨；

$\quad\quad E_{CO_2净热}$——企业净购入的热力消费引起的 CO_2 排放，吨；

$\quad\quad AD_{电力}$——企业净购入的电力消费，兆瓦·时；

$\quad\quad AD_{热力}$——企业净购入的热力消费，吉焦；

$\quad\quad EF_{电力}$——电力供应的 CO_2 排放因子，吨（CO_2）/（兆瓦·时）；

$\quad\quad EF_{热力}$——热力供应的 CO_2 排放因子，吨（CO_2）/吉焦。

要点分析

本行业涉及的化石燃料包括煤、炼厂干气、石油焦、天然气等；煤、石油等化石燃料在燃烧过程中产生的温室气体除 CO_2 外还包括少量 CH_4 和 N_2O，根据本指南要求，燃料燃烧排放仅核算 CO_2 排放。

化石燃料燃烧排放：化石燃料燃烧量不包括石油工业生产过程中作为原料或材料使用的能源消费量。

火炬燃烧 CO_2 排放：石油工业生产企业火炬燃烧可分为正常工况下的火炬气燃烧及由于事故导致的火炬气燃烧两种，两种火炬气的数据监测基础不同，因此分别核算；目前我国石化企业由于事故导致的火炬气燃烧一般无具体监测，直接获取火炬气流量数据非常困难，数据不可获得时，可以事故设施通往火炬的平均气体流量及事故持续时间为基础估算事故火炬燃烧量，并进而估算事故导致的火炬气燃烧 CO_2 排放量。

工业生产过程 CO_2 排放：石油工业企业生产运营边界内涉及的工业生产过程排放装置主要包括：催化裂化装置、催化重整装置、制氢装置、焦化装置、石油焦煅烧装置、氧化沥青装置、乙烯裂解装置、乙二醇/环氧乙烷生产装置等。企业的工业生产过程 CO_2 排放量应等于各装置的工业生产过程 CO_2 排放之和。

CO_2回收利用量：此处主要是企业外供和自用二氧化碳总和，CO_2回收利用主要出现在生产合成气在进一步分离净化过程中需要脱除CO_2，从而产生大量的高纯度CO_2。这部分CO_2可回收用于尿素、碳酸盐产品生产，或者外销给干冰、碳酸饮料生产企业。核算中需扣除作为产品输出到企业边界外的CO_2量。

净购入电力和热力隐含的CO_2排放：企业消费的购入电力、热力属于间接排放，但仍计入报告主体的排放总量中。对于购入电力、热力并转供给其他企业的，转供量需扣减。

获取活动水平和排放因子数据：活动水平数据可从企业生产台账、能源统计报表、销售报表、财务明细等记录中收集。在收集过程中需了解数据和信息的统计汇总过程和方式，明确信息流向；当存在多个数据来源时需对比分析各数据是否一致，在不一致的情况下分析偏差原因和各数据源误差大小，确保数据的准确性；选择和获取排放因子数据时应按照本指南要求选取默认值或进行测量。

该行业温室气体排放装置除较为复杂的工艺生产装置如催化裂化装置、催化重整装置、制氢装置、焦化装置、石油焦煅烧装置、氧化沥青装置、乙烯裂解装置、乙二醇/环氧乙烷生产装置等产生的排放外，还包括各生产装置加热炉、移动源叉车、铲车、火炬、二氧化碳回收利用等产生的排放。企业在核算温室气体排放时，应根据企业边界的确定情况，按照本指南中5种排放源分类逐一识别，确保排放源识别完整、不漏项。可采取自下而上的方法，依据企业设备设施清单，判断设备设施是否产生温室气体排放并归类，最后形成排放源列表。其中燃料燃烧排放因燃料种类多，涉及面广，其识别过程较为复杂，可参考企业能源统计报表；工艺过程排放需首先对涉及的工业生产过程排放装置进行识别，企业的工业生产过程二氧化碳排放量应等于各装置的工业生产过程二氧化碳排放之和。要测量的排放因子，依据本指南中给出的测量标准和测量频次实施。

核算全厂排放量时，电力排放因子选择最新公布的区域电网排放因子，补充数据电力排放因子采用2015年全国电网平均排放因子0.6101吨（CO_2）/（兆瓦·时）。

石化企业硫黄回收的过程排放按碳质量平衡法核算。

石化企业外供的蒸汽是由余热产生时，当核算企业边界的净购入热力产生的排放量时，其外供蒸汽需要扣除，排放因子选用0.11吨（CO_2）/吉焦。对于接受该余热产生的蒸汽的企业，其热力排放因子要分情况考虑：

（1）当核算企业边界的净购入热力产生的排放时，热力排放因子选用0.11吨（CO_2）/吉焦；

（2）当核算企业补充数据表中数据时，如果补充数据表中为净购入热力产生的排放，热力排放因子选用 0.11 吨（CO_2）/吉焦；如果补充数据表中为消耗热力产生的排放，热力排放因子选用 0。

石化企业炼厂干气必须计量。

企业如不属于生产原油加工（2501，行业/产品代码，下同）、乙烯（2602010201）的企业，并且企业内部不存在自备电厂，则不属于全国碳市场第一批纳入的企业。

原油加工企业（2501）覆盖范围：以原油加工为主营业务的企业法人或独立核算单位的所有炼油厂化石燃料燃烧、电力消费和热力消费所对应的二氧化碳排放，燃料油、渣油和其他重质油都不属于原油。

对于炼油厂的污水处理，如果是好氧工艺，则不要计算排放；如果为厌氧工艺，排放量小于总排量的1%，也可不计算。如果超过1%，则需要按照造纸行业核算指南计算。

关于石油行业火炬气的 CO_2 气体浓度获取，指南中提出"火炬气的 CO_2 气体浓度应根据气体组分分析仪或火炬气来源获取"，但企业仍然无法获得，或火炬太高，企业也没法检测，火炬设计院也无法计算。可采用估算的方式，如果仍无法获取，在已知进入火炬系统的气体中 CO_2 浓度较低的情况下可近似认为 0。

催化裂化装置的连续烧焦排放通常在石化企业温室气体排放中占比较大，因此准确地核算这部分排放非常重要。实际运营中，催化剂的烧焦量是通过原料输入量和装置产品的产量以及相关的经验值推导出来的数据，有的企业还可能用监测烧焦尾气流量和浓度的方法来计算烧焦产生的二氧化碳，这种情况下，应当注意两种方法的交叉验证。

石化企业的化工产品门类多，而且复杂，常见的有甲醇、二氯乙烷、醋酸乙烯、丙烯醇、丙烯腈、炭黑等，不管何种产品，都应按照碳的输入量和输出量的质量平衡来进行核算。在核算过程中，注意对输入和输出碳的准确计量和核算。

对于安装了二氧化碳回收装置的企业，计算排放量时应当将回收的二氧化碳量从总排放量中扣除。在核算过程中，企业自用和外供的 CO_2 产品应在二氧化碳回收这一部分单独予以核算。CO_2 量需以标准状况下的气体体积计量，方可采用本指南所用公式计算。

部分数据获取方式见表5-2至表5-6。

表 5-2 燃料消耗量

参数名称	$AD_{i,j}$
数据来源	1. 燃煤。 根据本指南要求，企业根据核算和报告期内燃煤消耗的计量数据来确定净消耗量，如企业入炉煤量记录或台账；为了确保数据准确，企业可采用库存变化计算得到的消耗量数据进行验证，即燃煤消耗量＝期初库存量＋购买量－期末库存量－其他用量。 2. 天然气。 根据本指南要求，企业根据核算和报告期内天然气消耗的计量数据来确定净消耗量如企业天然气月度消耗记录或台账，为了确保数据准确，企业可采用天然气结算单或发票数据进行验证；若是预付费情况，除连续测量每日记录外，还应利用天然气当月库存量、购买量及月末库存量，进行计算以验证数据的准确性。 3. 炼厂干气。 根据本指南要求，企业采用公司装置能源消耗明细表中各主要生产装置每月消耗的各种炼厂干气量，并与"能源购进、消费及库存表"进行交叉核对。 4. 液化石油气。 根据本指南要求，企业根据核算和报告期内液化石油气消耗的计量数据来确定净消耗量，企业可按以下两种方式获取消耗量： (1)根据液化石油气的年度购买量以及年度库存的变化来推算实际消耗的数据，计算公式为：液化石油气消耗量＝期初库存量＋购买量－期末库存量－其他用量。 (2)若企业既无使用量统计数据，也无盘点及库存记录时，当液化石油气库存容量较小时，可采用购买量进行统计
监测方法	1. 固体燃料(以燃煤为例)。 监测方法：一般由经过定期校准/检定的计量设备测量获得，常用的计量设备如轨道衡、汽车衡、电子皮带秤等。 (1)入厂煤量：一般采用轨道衡、汽车衡进行测量。企业在使用轨道衡、汽车衡的同时，可辅以电子皮带秤或磅秤对入厂煤量进行复核。企业多采用汽车衡对入厂煤进行计量。汽车衡(地磅)，是燃煤企业常见的计量工具。汽车衡的准确度较高，其计量的准确度最高可达 0.1%。 (2)入炉煤量：常用计量设备为电子皮带秤。与汽车衡的准确度相比，电子皮带秤计量的最高准确度一般为 0.5%。 (3)燃煤库存量：燃煤库存量的计量可通过人工盘点或使用仪器(盘煤仪)的方式。人工盘点是通过密度和体积推算获得。常见库存煤盘点是将燃煤堆为规则外形，之后使用长度计量器具测量其边长，计算其体积。

续表

参数名称	$AD_{i,j}$
监测方法	2. 气体燃料（以天然气、炼厂干气为例）。 监测方法：通过定期检定或校准的计量设备测量得到，常用计量设备为气体流量计。 3. 液体燃料（以液化石油气为例）。 监测方法：通过定期检定或校准的计量设备测量得到，常用汽车衡、磅秤或加液枪；或采用标准重量钢瓶的允许充装量×钢瓶数量计算得到。 一般情况下，企业内部对液化石油气采用标准重量钢瓶称装，或采用大型液化石油气罐储存，应符合《液化石油气瓶充装站安全技术条件》（GB 17267—1998）中"9. 钢瓶的充装量"的要求
监测与记录	1. 燃煤。 入厂煤：每批次监测并记录，每月汇总，并指定专人校核，形成企业燃煤购入量月台账或月统计表。同时，相应保存燃煤购买合同、结算发票等。 入炉煤：燃煤使用量若是通过电子皮带秤测量，每班记录，汇总形成每日台账；若是通过煤车测量，每车记录，每班汇总，形成日台账。指定专人校核，每月汇总，形成企业入炉煤量月台账或月统计表。 库存量：每月盘库并形成月度库存量统计台账。 根据本标准要求，企业通常采用入炉煤量作为燃煤净消耗量进行温室气体排放核算与报告，为了提高企业数据质量，可采用如下方式对净消耗量进行验证。 燃煤净消耗量=年初库存盘点量+入厂煤量−年末库存盘点量−其他燃煤用量。其中，其他燃煤用量包括转卖给其他企业的煤量。 2. 天然气。 连续监测，每日或每月记录，形成日报表或日台账，并每月形成月度记录或台账，且指定专人校核。同时，相应保存结算单、发票等，注意结算单发票日期与台账日期不同产生的差异。 对于采用预付费的情况，除连续测量每日记录外，企业还应在每月初记录当月库存量、购买量及月末库存量，并相应保存相关发票等。若存在外供的情况，应扣除当月的天然气外供量，即： 天然气使用量=当月期初库存数−当月期末库存数+当月购买量−当月天然气外销量。 在企业的日常运营管理中一般都有专门的生产运营部门协同财务统计天然气的消耗量。 3. 炼厂干气。 连续监测；每日记录、每旬平衡、每月核算；月度数据记录在"公司装置能源消耗明细表"。 4. 液化石油气。 （1）购入量：每批次监测每批次记录；形成日报表或日台账，并每月形成月度记录或月台账，且指定专人校核。同时，相应保存发票等。

续表

参数名称	$AD_{i,j}$
监测与记录	(2)使用量：对于使用储气罐，每次监测并记录，形成日报表或日台账，并每月形成月度记录或台账，且指定专人校核。对于小型液化石油罐，每批次监测每批次记录；形成日报表或日台账，并每月形成月度记录或台账，且指定专人校核。 (3)库存量：每月监测并记录，形成月度库存量统计台账。 如某企业购买液化石油气，液化石油气到厂后，企业设置专门的统计管理部门(如生产部)对液化石油气的购入量进行计量并形成购入量记录(一般称为过磅单)，将每月过磅单进行汇总，形成入库记录，报送公司财务部门和相应主管部门，由财务部门会同主管部门对照入库记录、供应商提供的发票对液化石油气购入量进行结算并入账。领用记录宜由领用人员签字记录，液化石油气库管理人员负责对领用人签字记录进行现场确认，并核准签字。物资统计管理人员每月汇总数据形成液化石油气出库记录，报公司生产统计部门与财务部门。财务部门可根据月度出库记录，与采购量进行对照，确认使用量和采购量是否匹配，同时形成月度的液化石油气进、销库存表。 每年年初，财务部门会同生产部门及使用部门对液化石油气库存量进行盘点，得出库存记录，由参与盘点的部门人员进行签字确认。数据传递过程中形成的每个记录设置记录人员、校对人员或审核人员，以确保数据的真实性和准确性

表 5-3　燃料热值

参数名称	NCV_i
数据来源	1. 燃煤。 (1)选择采用本指南提供的燃料平均低位发热值数据。 (2)具备条件的企业可开展实测，或委托有资质的专业机构进行监测，监测频次超过一次的，采用加权平均获得。 2. 天然气。 (1)选择采用本指南提供的燃料平均低位发热值数据。 (2)具备条件的企业可开展实测，或委托有资质的专业机构进行监测，监测频次超过一次的，可采用算术平均值。 3. 液化石油气。 液化石油气通常用于辅助生产设施，如叉车、食堂灶具等。液化石油气产生的排放量在总排放量所占比例较小，企业多选择采用指南提供的燃料平均低位发热值数据

续表

参数名称	NCV_i
监测方法	1. 燃煤。 监测方法：参照 GB/T 213—2008《煤的发热量测定方法》，一般采用标准苯甲酸标定过的氧弹热量计进行燃煤样品的恒容高位发热量的测定，并计算出燃煤的低位发热值。 监测和记录频次：至少每批次进行一次监测并记录。 2. 天然气。 监测方法：参照 GB/T 22723—2008《天然气能量的测定》中给定的测定方法。 监测和记录频次：当天然气来源未发生变化时，监测频次可一次或多次，企业宜制定天然气平均低位发热值监测管理要求，在实际运营中，根据要求执行。 3. 液化石油气。 监测方法：参照 GB/T 384—1981《石油产品热值测定法》中给定的测定方法。 监测和记录频次：至少每批次进行一次监测并记录

表 5-4　火炬排放量

参数名称	$Q_{正常火炬}$
数据来源	本指南无具体要求，建议参数获得方法为自动连续监测或自行推估。 自动连续监测：可以根据流量监测系统进行自动采集，一般都设有火炬气管线表计。 自行推估：通过工程计算或类似估算方法获得报告期内火炬气流量。 推荐使用连续监测数据，如果监测条件不可行，可采用自行推估数据
监测方法	对于持续燃烧的火炬，建议利用计量表计连续计量数据；对于间歇燃烧的火炬，建议每次排放之后及时收集流量数据或对火炬气流量进行估算。 数据质量控制建议： 1. 推荐企业月度对原始记录进行核对，确认数据的准确性。 2. 相关的原始数据记录、月度总结记录、年度总结记录应存档

表 5-5　连续烧焦工艺装置的烧焦量

参数名称	$MC_{j,连续烧焦}$
数据来源	获取方法：自行推估。 指南要求按照企业生产原始记录或者统计台账获取，催化裂化装置的催化剂烧焦量是由企业相关运营人员根据原料输入量和装置产品的产量反推得出
监测方法	建议企业按月统计当月的烧焦量，并加和汇总用于年度统计上报： 1. 推荐催化裂化装置的运行人员，总结出月度催化剂消耗量的均值。若核算出的催化剂消耗量异常高于或低于均值，应及时对核算结果进行复查。 2. 相关的原始估算记录、月度总结记录、年度总结记录应存档

表 5-6　制氢装置产生的残渣量

参数名称	$Q_{w,制氢装置}$
数据来源	获取方法：自行推估。 根据内部经验数据推估出制氢装置的残渣量
监测方法	平均每个月统计一次

(四)《中国发电企业温室气体排放核算方法与报告指南(试行)》

(一)适用范围

本指南适用于中国发电企业温室气体排放量的核算和报告。中国境内从事电力生产的企业可按照本指南提供的方法，核算企业的温室气体排放量并编制企业温室气体排放报告。

要点分析

根据《国民经济行业分类》，电力生产企业包括两大门类：火力发电（4411）和电力供应（4420）。2013—2017 年任一年温室气体排放量达 2.6 万吨 CO_2 当量（综合能源消费量约 1 万吨标准煤）及以上的自备电厂，视同电力行业纳入。

(二)核算边界

报告主体应以企业法人为界，识别、核算和报告企业边界内所有生产设施产生的温室气体排放，同时应避免重复计算或漏算。

发电企业的温室气体核算和报告范围包括：化石燃料燃烧产生的二氧化碳排放、脱硫过程的二氧化碳排放、企业净购入使用电力产生的二氧化碳排放。

企业厂界内生活耗能导致的排放原则上不在核算范围内。

要点分析

法人企业指有权拥有资产、承担债务，并独立从事社会经济活动（或与其他单位进行交易）的企业组织。视同法人的独立单位具体划定原则可参考国家统计局于 2011 年 10 月 20 日印发的《统计单位划分及具体处理办法》（国统字〔2011〕96 号），法人单位下属跨省的分支机构，符合以下条件的，经与分支机构上级法人单位协商一致，并经国家统计局认可，可视同法人单位处理：

（1）在当地工商行政管理机关领取《营业执照》，并有独立的场所；

（2）以该分支机构的名义独立开展生产经营活动一年或一年以上；

（3）该分支机构的生产经营活动依法向当地纳税；

（4）具有包括资产负债表在内的账户，或者能够根据统计调查的需要提供财务资料。

对于核算边界的确定，本指南中特别需要关注的内容有以下几点：

（1）生产设施。

对于电力企业来说生产系统就是发电系统，辅助生产系统包括脱硫装置、化验、运输等，附属生产系统包括厂部和厂区内为生产服务的部门和单位，如职工食堂、车间浴室和保健站等。

（2）避免漏算和重复计算。

对于重复计算，我们可以从三个维度进行理解：

①组织边界层次的重复计算。这样的情况往往出现在组织架构比较复杂的企业。例如 A 发电企业旗下有子公司 B 环保技术企业，由于两公司采用了不一致的组织边界确定准则，A 企业在核算排放量时考虑了 B 企业的排放量，而 B 企业亦自行报告了自身的温室气体排放量，出现了重复计算的情形。故在组织边界的确定上，各报告主体应采用一致的方式。

②运营边界层次的重复计算。对于发电企业来说，比较容易出现的问题是发电企业发电过程中化石燃料的排放已经计入直接温室气体排放，其中部分为企业自用电，有些企业又将其作为外购电力纳入能源间接温室气体排放。

③排放源层次的重复计算。例如 C 企业在计算锅炉燃油燃烧的排放时，将食堂灶具使用的燃油消耗也纳入了其中，出现了重复计算的情形。

漏算包括由于租赁或者产权不清而疏漏某些生产设施、部分排放源导致的排放量漏算。

（3）一些按照独立法人原则确定的报告主体，其生产的产品除了电力外，可能还会包括其他产品（例如化工等）。由于这些产品的生产可能会涉及特殊的生产过程和工艺，对于这些过程产生的温室气体排放的核算应当按照国家发改委公布的相应行业的温室气体排放核算方法（例如化工等行业核算方法）进行核算和报告。

（4）企业边界范围内存在其他温室气体产生的排放，如消防灭火器的二氧化碳逸散、煤堆或产生的燃料堆甲烷的逸散、水力发电中水库生物质分解导致的甲烷和二氧化碳的排放、断路器或其他含 SF_6 设施中 SF_6 的逸散等，但遵循本指南的要求，发电企业的排放源仅考虑相关设施化石燃料燃烧、湿式脱硫工艺及净购入电力导致的二氧化碳排放，而不考虑其他温室气体排放。

（5）本指南仅考虑生产部分导致的温室气体排放，故企业组织边界中的生活耗能导致的排放原则上不在核算范围内。注意这里的生活耗能是指企业生活区的设备能耗，例如企业职工宿舍外购电力消耗不应计算在本企业的排放量中，但生产区职工食堂的耗能应纳入核算边界。

（6）对于生物质发电和垃圾焚烧发电企业，一些常用工艺是采用混合燃料发电的方式，例如将生物质、垃圾与化石燃料混合作为燃料；另一些直接采用生物质、垃圾作为燃料的工艺，在点火过程使用化石燃料。此时，报告主体仅识别所有化石燃料（如燃煤、燃油、燃气）燃烧产生的温室气体排放过程，并量化相关排放源的排放量，但对于生物质、垃圾部分燃烧导致的温室气体排放不予核算。

（三）核算方法

温室气体排放总量计算见式（5-60）。

$$E = E_{燃烧} + E_{脱硫} + E_{电} \tag{5-60}$$

（1）化石燃料燃烧排放量计算见式（5-61）。

$$E_{燃烧} = \sum_i (\mathrm{AD}_i \times \mathrm{EF}_i) \tag{5-61}$$

式中　$E_{燃烧}$——化石燃料燃烧的二氧化碳排放量，吨；

　　　AD_i——第 i 种化石燃料活动水平，太焦（以热值表示）；

　　　EF_i——第 i 种燃料的排放因子，吨（CO_2）/太焦；

　　　i——化石燃料的种类。

（2）脱硫过程排放量计算见式（5-62）。

$$E_{脱硫} = \sum_k (\mathrm{CAL}_k \times \mathrm{EF}_k) \tag{5-62}$$

式中　$E_{脱硫}$——脱硫过程的二氧化碳排放量，吨；

　　　CAL_k——第 k 种脱硫剂中碳酸盐消耗量，吨；

　　　EF_k——第 k 种脱硫剂中碳酸盐的排放因子，吨（CO_2）/吨；

　　　k——脱硫剂类型。

（3）净购入使用电力产生的排放量计算见式（5-63）。

$$E_{电} = \mathrm{AD}_{电} \times \mathrm{EF}_{电} \tag{5-63}$$

式中　$E_电$——净购入使用电力产生的二氧化碳排放量，吨；

　　　$AD_电$——企业的净购入电量，兆瓦·时；

　　　$EF_电$——区域电网年平均供电排放因子，吨(CO_2)/(兆瓦·时)。

要点分析

（1）根据指南要求，燃煤和天然气的低位发热值必须要进行实测。

（2）企业应该按着 GB/T 213—2008《煤的发热量测定方法》进行实测，监测频次不低于 1 次/日，在计算每个月、季度和全年平均低位发热值时应以入炉煤量为权重，采用加权平均的方法进行汇总。

（3）天然气低位发热值的监测频率不应低于 1 次/月，天然气低位发热值的监测可由企业自行测定，也可由天然气供应商提供数据，测定的方法和实验室设备应依据 GB/T 11062—1998 的要求。

（4）燃煤的单位热值含碳量，企业应每天采集缩分样品，每月的最后一天将该月的每天获得的缩分样品混合，测量其元素碳含量。具体测量标准应符合 GB/T 476—2008《煤中碳和氢的测定方法》。

（5）若发电企业对炉渣产量和飞灰产量定期进行实测，可根据报告主体的实际情况每日或每周统计并记录炉渣和飞灰产量，统计和记录的频次不应低于 1 次/月。对于其他未对炉渣产量和飞灰产量定期进行实测的企业，可根据 DL/T 5142—2002《火力发电厂除灰设计规程》中给出的计算方法推估炉渣和飞灰的产量，即根据燃煤收到基灰分、锅炉最大连续蒸发量时的实际耗煤量、收到基低位发热值、锅炉机械未完全燃烧损失计算灰渣量，再根据锅炉类型确定灰渣比例，最终分别获得灰量和渣量。

（6）若企业定期监测炉渣和飞灰的含碳量，当采样和监测的频次不低于 1 次/月，且炉渣和飞灰含碳量的监测根据 DL/T 567.6—1995《飞灰和炉渣可燃物测定方法》的要求开展时全年的炉渣和飞灰含碳量可采用实测值，并根据各次采样和监测数据取算数平均值获得。其监测的原理为称取一定质量的灰飞或炉渣样品使其在 815℃±10℃ 下缓慢灰化，根据其减少的质量计算其中的可燃物含量。

（7）当企业无法获得碳氧化率计算公式中的所有参数时，燃煤燃烧的碳氧化率可采用本指南推荐值 98%。

（8）核算全厂排放量时电力排放因子选择最新公布的区域电网排放因子，补充数据电力排放因子采用 2015 年全国电网平均排放因子 0.6101 吨(CO_2)/(兆瓦·时)。

五、《机械设备制造企业温室气体排放核算方法与报告指南(试行)》

(一)适用范围

本指南适用于中国机械设备制造企业温室气体排放量的核算和报告。任何在中国境内从事机械设备制造业的企业，均可参考本指南提供的方法核算企业的温室气体排放量，并编制企业温室气体排放报告。

要点分析

机械设备制造业包含了金属制品业、通用设备制造业、专用设备制造业、汽车制造业、铁路、船舶、航空航天及其他运输设备制造业、电气机械和器材制造业。

(二)核算边界

报告主体应以企业法人为边界，核算和报告边界内所有生产设施产生的温室气体排放（图 5-8）。

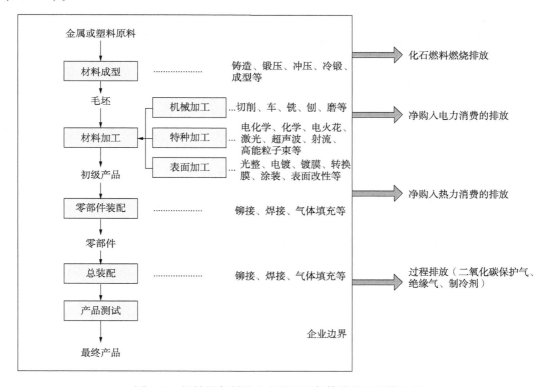

图 5-8　机械设备制造企业的温室气体排放及核算边界

机械设备制造企业温室气体排放包括：化石燃料燃烧排放、工业生产过程排放及净购入电力和热力产生的排放。工业生产过程排放类型较多，企业应根据实际情况选择相应的计算方法核算工业生产过程排放。例如电气设备或制冷设备制造企业涉及工业生产过程中 SF_6、HFCs、PFCs 泄漏产生的排放；机械设备制造企业生产过程中涉及二氧化碳气体保护焊产生的排放。

要点分析

法人企业指有权拥有资产、承担债务，并独立从事社会经济活动（或与其他单位进行交易）的企业组织。视同法人的独立单位具体划定原则可参考国家统计局于 2011 年 10 月 20 日印发的《统计单位划分及具体处理办法》（国统字〔2011〕96 号），法人单位下属跨省的分支机构，符合以下条件的，经与分支机构上级法人单位协商一致，并经国家统计局认可，可视同法人单位处理：

（1）在当地工商行政管理机关领取《营业执照》，并有独立的场所；

（2）以该分支机构的名义独立开展生产经营活动一年或一年以上；

（3）该分支机构的生产经营活动依法向当地纳税；

（4）具有包括资产负债表在内的账户，或者能够根据统计调查的需要提供财务资料。

（三）核算方法

温室气体排放总量计算见式（5-64）。

$$E = E_{燃烧} + E_{过程} + E_{CO_2净电} + E_{CO_2净热} \tag{5-64}$$

（1）化石燃料燃烧排放量计算见式（5-65）。

$$E_{燃烧} = \sum_{i=1}^{n} (AD_i \times EF_i) \tag{5-65}$$

式中　$E_{燃烧}$——企业边界内化石燃料燃烧产生的排放量，吨；

AD_i——报告期内第 i 种化石燃料的活动水平，吉焦；

EF_i——第 i 种化石燃料的二氧化碳排放因子，吨（CO_2）/吉焦；

i——化石燃料种类。

（2）工业生产过程排放量计算见式（5-66）至式（5-69）。

$$E_{过程} = E_{TD} + E_{WD} \tag{5-66}$$

式中　$E_{过程}$——工业生产过程中产生的温室气体排放，吨 CO_2 当量；

E_{TD}——电气设备与制冷设备生产的过程排放，吨 CO_2 当量；

E_{WD}——CO_2 作为保护气的焊接过程造成的排放，吨。

①电气设备与制冷设备生产过程中温室气体的排放。

$$E_{TD} = \sum_i ETD_i \tag{5-67}$$

式中　ETD_i——第 i 种温室气体的泄漏量，吨 CO_2 当量；

i——温室气体种类。

②二氧化碳气体保护焊产生的 CO_2 排放。

$$E_{WD} = \sum_{i=1}^{n} E_i \qquad (5-68)$$

$$E_i = \frac{P_i \times W_i}{\sum_j P_j \times M_j} \times 44 \qquad (5-69)$$

式中　E_i——第 i 种保护气的 CO_2 排放量，吨；

　　　W_i——报告期内第 i 种保护气的净使用量，吨；

　　　P_i——第 i 种保护气中 CO_2 的体积分数；

　　　P_j——混合气体中第 j 种气体的体积分数；

　　　M_j——混合气体中第 j 种气体的摩尔质量，克/摩尔；

　　　i——保护气类型；

　　　j——混合保护气中的气体种类。

（3）净购入电力、热力产生的排放量计算见式（5-70）和式（5-71）。

$$E_{CO_2净电} = AD_{电力} \times EF_{电力} \qquad (5-70)$$

$$E_{CO_2净热} = AD_{热力} \times EF_{热力} \qquad (5-71)$$

式中　$E_{CO_2净电}$——企业净购入的电力消费引起的 CO_2 排放，吨；

　　　$E_{CO_2净热}$——企业净购入的热力消费引起的 CO_2 排放，吨；

　　　$AD_{电力}$——企业净购入的电力消费，兆瓦·时；

　　　$AD_{热力}$——企业净购入的热力消费，吉焦；

　　　$EF_{电力}$——电力供应的 CO_2 排放因子，吨（CO_2）/（兆瓦·时）；

　　　$EF_{热力}$——热力供应的 CO_2 排放因子，吨（CO_2）/吉焦。

要点分析

　　核算全厂排放量时电力排放因子选择最新公布的区域电网排放因子，补充数据电力排放因子采用 2015 年全国电网平均排放因子 0.6101 吨（CO_2）/（兆瓦·时）。

第六章 石油工业温室气体排放分析

第一节 石油行业温室气体排放概况

在中国的温室气体排放中，能源活动的温室气体排放约占总排放的80%，其中尤以石油石化企业为主。石油工业行业作为能耗大户，一般炼油化工过程本身的耗能大约是其所加工原料含能量的4%~10%（因加工深度不同而各异），随之而来的温室气体排放也是巨量。

石油企业温室气体排放源可分为燃料燃烧排放源、生产工艺过程排放源（包括含碳原料处理、生产维护过程排放源，如生产设施检维修、开/停车等）和逸散排放源；其中燃料燃烧排放又包括直接燃烧排放源和能源间接排放源。间接排放主要指输入/输出电力、蒸汽产生的间接排放。需要强调的是，由于石油行业所开采和加工的对象即为高碳的化石能源，因此其过程排放所占比例较一般性工业明显要大。如果按照单位产品能耗折算或万元工业增加值碳排放提出与其他行业相同的减排要求，就会带来温室气体减排压力的显著增加。

石油工业温室气体排放主要分布在石油天然气开采、炼油与化工及油气储运环节。从上述环节对行业温室气体排放总量的贡献均值来看，炼油与化工分量最重，其排放量超过了石油行业排放总量的70%，其次是油气炼制加工业，约占石油行业排放总量的19.99%，油气开采业排放的温室气体相对较少，占比约为9.61%。石油工业温室气体排放分布领域及主要排放环节如图6-1所示。

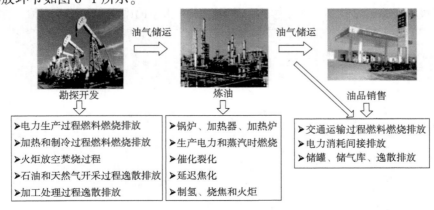

图6-1 石油工业温室气体排放分布及主要排放环节

文中按油气田开采、炼油与化工、油气储运三大领域对具体排放环节进行介绍，按领域分的主要排放来源见表6-1。

表6-1 按生产领域的主要排放来源

生产领域	油气田开采领域	炼油与化工领域	油气储运领域
主要排放来源	火炬放空与燃烧	加热炉、锅炉、热加工装置的燃烧排放	管道输送耗能
	伴生气排放	焦炭催化裂化燃烧排放	天然气管道维修和抢险过程中的排放
	储罐挥发与闪蒸	火炬燃烧排放	压缩机放空
	设备泄漏	制氢过程排放	管道泄漏
	天然气净化脱硫和脱水过程中释放的甲烷	催化裂化	原油加热
	燃料燃烧排放、无组织逸散	化肥、乙二醇、聚乙烯醇、制氢、焦化、合成氨等工艺废气的排放	LNG和CNG压力调整、无组织逸散
	勘探开发中消耗电能、热能导致的间接排放	消耗电能、热能导致的间接排放	消耗电能、热能导致的间接排放

从温室气体类别上看，石化企业排放的温室气体主要有二氧化碳（CO_2）、甲烷（CH_4）和氧化亚氮（N_2O），其中CO_2是最主要的温室气体，主要来源于石化企业内部化石燃料燃烧以及产品生产过程排放；CH_4主要来源于原油炼制加工和化学原料与制品生产过程的设备逸散；N_2O一般与某些特定的石化产品生产过程有关，除此以外，部分化石燃料燃烧也会产生少量的N_2O排放。一般在石化企业中，CO_2贡献了97.67%的温室气体排放，CH_4和N_2O分别占了2.25%和0.08%。

按照ISO 14064-1（设计、开发、管理和报告的组织或公司GHG清单的原则和要求）来分，石油工业的排放主要包括：

（1）直接排放。

①燃料燃烧排放（范围1）：石油石化企业燃料燃烧排放主要由加热和制冷过程燃料燃烧排放、电力生产过程燃料燃烧排放和交通运输过程燃料燃烧排放三部分组成，排放的温室气体主要是二氧化碳。

②生产工艺过程排放：石油石化企业过程排放视生产和工艺过程不同，排放温室气体的种类也不同。针对石油企业，最主要的过程排放是火炬的放空，包括热放空（即放空焚烧）和冷放空（即直接排放），其中热放空排放的温室气体主要是二氧化碳，冷放空排放的温室气体是甲烷；针对石化企业，最主要的过程排放是火炬的放空焚烧、催化剂

的烧焦、制氢工艺排放、合成氨及化肥的生产过程排放等，排放的温室气体主要是二氧化碳。有些石化企业的生产链较长，可能还涉及一些特殊的化工生产工艺过程，比如硝酸、己二酸、己内酰胺和己二醛的生产过程，排放的温室气体是氧化亚氮；丙烯腈和聚丙烯酰胺的生产过程、甲醇的生产过程、环氧乙烷的生产过程等，排放的温室气体主要是二氧化碳。

③废物处理/处置排放：废物处理/处置排放主要由废气处理排放、废水处理排放及固体废物处置排放三部分构成。其中，废气处理排放主要包括以石灰石、大理石和电石渣等固硫剂为主的脱硫设施运行过程排放源和废气焚烧排放源，排放的温室气体主要是二氧化碳；废水处理排放最主要是指废水的无/厌氧降解过程排放源，排放的温室气体主要是甲烷；固体废物处置排放包括废液焚烧过程排放源、固体废物焚烧过程排放源和固体废物填埋排放源三类。废液焚烧和固体废物焚烧过程排放，排放的温室气体主要为二氧化碳；固体废物填埋排放，排放的温室气体主要为甲烷。

④逸散排放：逸散排放指无组织排放源，主要包括石油和天然气开采过程（包括井下作业）逸散排放、加工处理过程逸散排放、集输过程逸散排放、储运过程逸散排放，排放的温室气体主要为甲烷。

（2）间接排放。

①输入/输出电力间接排放：这种排放不是直接产生二氧化碳，而是通过接卸、设备、电力的运行而产生的二氧化碳。

②输入/输出热能间接排放：也是通过一些仪表、设备的输入输出蒸汽产生的碳排放，排放的温室气体主要为二氧化碳。

第二节　油气田开采领域温室气体排放源及分布

油气开采过程中的温室气体直接排放源包括燃料燃烧、过程排放、逸散排放和废物处置排放四类，其中燃料燃烧、过程排放和逸散排放占直接排放总量的99%以上，属于排放源大类。在这三种排放大类中，燃料燃烧排放主要包括电力生产过程燃料燃烧排放、加热和制冷过程燃料燃烧排放、交通运输过程燃料燃烧排放，燃料燃烧排放是最主要的排放源，约占直接排放的70%左右、占油气开采过程总排放的50%左右。过程排放主要包括油气开采过程中冷放空排放、热放空排放、油气集输处理过程排放、火炬放空焚烧过程排放等，其中冷放空排放、热放空排放为主要的过程排放，约占直接排放的14%左右。逸散排放主要包括石油和天然气开采过程逸散排放、井口逸散、集输系统逸散、储罐呼吸等逸散排放。能源间接排放几乎全部来自输入/输出电力排放。

油气开采过程中温室气体排放主要分直接排放和间接排放，排放过程的主要排放源、各排放源占总排放源的比例、各排放源排放占总排放的比例详见表6-2：

表6-2　油气开采过程温室气体排放分布

排放源类型	排放源分布	占排放源比例(%)	占总排放比例(%)
直接排放	燃料燃烧排放	69.26	49.93
	冷放空、热放空等过程排放	13.85	10.31
	井口逸散排放	2.21	1.46
	油气集输系统逸散	2.85	2.10
	储罐呼吸逸散	0.12	0.06
	其他逸散	10.99	8.00
	废物处理/处置排放	0.72	0.38
间接排放	输入/输出电力排放	100	27.75

油气田温室气体排放水平不仅受规模、工艺和装备条件等常规工业温室气体排放主要影响因素的影响，原油的类型、储层深度、含水率、渗透率、区域气候条件等也均对温室气体排放有较大影响。从中国油气田分布情况来看，黑龙江、陕西、山东以及新疆地区是中国油气田主要区域。

黑龙江、陕西、山东以及新疆地区原油开采CO_2年排放量最大，这与中国油气田分布是一致的，其次是辽宁、吉林以及广东，这些省市原油开采CO_2年排放量均达到100万吨以上，其他省原油开采CO_2排放量较少。

根据剑桥能源研究所开展的从油井到加油站温室气体排放研究，油气生产环节的温室气体排放，占整个环节消耗原油总能量的30%，根据美国原油消耗的平均值，原油生产的温室气体排放量占总排放的37%，原油运输占8%，提炼占53%，成品油分销占2%。

根据中国石油2015年温室气体排放统计，油气的勘探及生产占2015年当年总排放的40.8%，这一数字高于剑桥能源研究所的统计，但低于2013年中国石油的相应数据（43%）。结合中国石油对下游炼化的大力发展，这也印证了，作为上下游产业均衡的中国石油，油气开采所占的温室气体排放比例在逐年趋近行业平均水平。

就排放源来说，燃烧排放在2015年整个勘探与生产分板块排放中所占的比例约为59.37%，过程排放的比例约为16.06%，逸散排放为6.34%，间接排放为18.33%。对比2013年的数据，燃烧排放及逸散排放所占比例分别下降了2.25%与0.93%，而过程排放与间接排放则分别升高了3.32%与4.74%。可以预计，随着环保要求提升、出井原油品质的下降以及用能方式的转变，以上变化还将持续进行。

第三节　炼化领域温室气体排放源及分布

石油炼化主要采用物理分离和化学反应的方法，将原油加工成各种成品油或化工原料。主要采用的生产装置有常压/减压蒸馏、催化裂化、延迟焦化、催化重整、加氢精制、润滑油精制等。如图6-2所示为炼油企业生产流程。

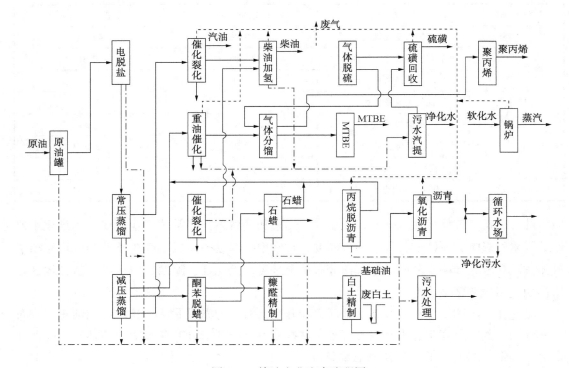

图6-2　炼油企业生产流程图

　　分析可知，石油炼化领域的温室气体排放主要涉及燃料燃烧排放、工艺过程排放、废物处理/处置排放、设备逸散排放及间接排放五大类。

　　石油炼制过程的直接排放中，最主要的温室气体排放源是燃料燃烧排放，占整个过程排放的比例超过70%；主要的过程排放源包括火炬的放空燃烧、催化剂的烧焦以及其他生产过程排放等，过程排放占总排放的15%以上；逸散排放主要集中在储罐呼吸和其他逸散排放，所占比例较小。炼油过程的能源间接排放中，输入/输出电力排放是最主要的排放源，占到能源间接排放的83%以上，占总过程排放达到8%左右。辅助生产系统温室气体排放占总排放量的比例为4%左右，主要排放也是燃料燃烧排放，能占到矿区服务总排放的84%以上；其次是输入/输出电力的能源间接排放，约占到矿区服务总排放的15%。各排放源分布如表6-3所示。

　　燃料燃烧排放的主要来源是锅炉、加热炉以及火炬燃烧等。在炼厂对原油进行加工，生产汽油、柴油等产品的过程中，常压/减压蒸馏、催化裂化、催化重整、加氢裂化、延迟焦化以及炼厂气加工、石油产品精制等工艺均需要消耗大量的能量，这些能量主要由锅炉、加热炉等设备提供；火炬燃烧是指将装置在开停工、停水、停电等情况下排放的可燃气体进入火炬烧掉，排放出大量的二氧化碳。燃料燃烧排放是炼化领域最大的二氧化碳排放源。

表 6-3 石油炼制过程温室气体排放分布

排放源类型	排放源分布	占排放源比例（%）	占总排放比例（%）
直接排放	燃料燃烧排放	78.84	71.71
	火炬放空过程排放	0.32	0.23
	催化剂烧焦过程排放	8.68	7.37
	其他过程排放	8.19	7.71
	储罐呼吸逸散排放	0.32	0.23
	其他逸散排放	0.67	0.39
	废物处理/处置排放	2.98	2.40
间接排放	输入/输出电力排放	83.24	8.18
	输入/输出蒸汽排放	16.76	1.77

工艺过程排放比例较大是炼油行业排放特点之一，主要来自催化裂化装置的催化剂烧焦、制氢装置和其他装置催化剂再生等过程。在催化裂化工艺过程中存在反应产物焦炭附着在催化剂上，降低催化剂活性的现象，催化剂表面上的焦炭必须在催化剂再生器中经高温烧掉，使其全部转化成二氧化碳排出。烧焦过程中会产生大量的二氧化碳，因此催化裂化装置再生器是很重要的二氧化碳排放源。工艺过程二氧化碳排放量仅次于燃料燃烧排放。美国石油学会对原油加工量为 1200 万吨/年的某炼厂不同排放源排放二氧化碳量进行了测算，其燃烧排放在整个炼厂碳排放中所占的比例约为 51%，工艺排放的比例约为 44%，仅次于燃烧排放。

综观整个中国区域，辽宁、山东以及广东省原油加工过程 CO_2 年排放量最大，已达到千万吨级别；其次是黑龙江、新疆、陕西、天津、浙江、江苏以及上海，这些省（市、自治区）原油加工过程 CO_2 年排放量在 500 万吨到千万吨之间；在其他省（市、自治区）原油开采 CO_2 排放量较少，CO_2 年排放量在 500 万吨以下。

而根据中国石油的 2015 年温室气体排放统计，炼油与化工板块在整个集团公司的温室气体排放中占 50.32%。就排放源来说，燃烧排放在整个炼油与化工分公司排放中所占的比例约为 60.3%，工艺排放的比例约为 25.6%（仅次于燃烧排放），间接排放为 14.1%。燃烧排放这一比例高于美国石油学会的典型炼厂统计，但这与典型炼厂的规模、原油品质、加工深度、油品标准、下游化工深加工能力相关。需要指出的是，中国石油 2015 年的这一比例，已低于 2013 年中国石油的相应数据（61.2%），过程排放的比例相应有所提升。

结合目前环保要求的提高，尤其是对于大气排放标准的严格执行，以及油品含硫量标准的提升，过程工艺排放的也会相应增加，这也必然增加石油工业的温室气体减排压力。

第四节 油气储运领域温室气体排放源及分布

油气储运领域的温室气体排放主要包括原油及过程产品的运输排放及储存排放。主要包括燃料燃烧 CO_2 排放、火炬燃烧排放、油气储运业务工艺放空排放[油气储运环节的工艺放空排放主要源于压气站/增压站、管线(逆止阀)、计量站/分输站、清管站等的放空活动]、油气储运业务 CH_4 逃逸排放(油气储运业务 CH_4 逃逸排放主要来自原油和天然气输送过程中的逸散和泄漏损失)、CH_4 回收利用量、CO_2 回收利用量、净购入电力和热力隐含的 CO_2 排放。

油气储罐(包括地下储气库)是主要的温室气体逸散排放源，其排放量约占总逸散排放量的40%，其次为油气的运输。

储罐温室气体排放是一种无组织的逸散排放，由于影响因素较多，规律性不强，核算较为困难。原油储罐气体的排放可大致分3种形式：闪蒸排放(Flashing Loss)、大呼吸排放(Working Loss)和小呼吸排放(Breathing Loss)。

(1)闪蒸排放。

闪蒸排放是指当原油从分离器进入到储罐时，由于压力突然降低，高压下溶解在原油里的天然气逸出的过程。闪蒸排放量与油气比、分离器温度和分离器压力等因素相关。

(2)大呼吸排放。

大呼吸排放是指储罐收发油过程中油液面改变所导致的排放。储罐收油时，油液面升高，罐内气相压力增大，当超出呼吸阀设定压力时，气体便从呼吸阀逸出；储罐发油时，油液面降低，罐内气相压力减小，当压力小于呼吸阀设定压力时，储罐吸入空气，吸入的新鲜空气促使油品蒸发，使气相压力再次上升呼出气体。

(3)小呼吸排放。

小呼吸排放是指储罐在静止储存状态下，随着外界气温、压力的变化所导致的排放。影响小呼吸排放的因素主要有原油性质、气象条件和储罐容积等。

原油、天然气及其产品的运输有4种方式，分别为水路运输、公路运输、铁路运输和管道运输。目前，管道运输已逐渐成为主要的运输方式。主要温室气体排放环节是燃料燃烧排放、电力间接排放的二氧化碳和逸散排放的甲烷。燃料主要用于能源输送中的供热和供能。

石油从炼油厂配送到油库涉及进、运、收三个环节，从油库配送到加油站然后销售给客户涉及进、运、收、发四个环节。油的逸散排放基本上在这些环节都会发生，但逸散气体中甲烷含量并不高。天然气的主要成分为甲烷，且极易逃逸，所以在油气储运环节，天然气是主要的逸散气体。

由于中国油气储运设施相对较新，装备和技术水平较高，且中国油气运营规模偏小，因此该领域温室气体排放所占行业总排放比例相对国外排放比例较小，占 6%~7%。

结合中国石油 2015 年温室气体排放统计，油气储运环节在整个集团公司的温室气体排放中占 6.7%。就排放源来说，逸散排放在整个油气储运排放中所占的比例约为 41.6%，燃烧排放为 31%，间接排放为 23.98%，而过程排放为 3.32%。

随着近年来中国能源需求持续增长，中国每年需进口大量原油与天然气以满足国内市场的需求，"十二五"以来管道建设和运营规模显著增加。截至 2015 年，全国已建成的油气管道总长度达到 12 万千米，中国石油运营的超过 10 万千米，保持在 70%以上。"十三五"期间，规划建设的干线油气管道长度超过 5 万千米，其中天然气管道 3 万千米以上，这将导致油气储运领域温室气体排放量和比例持续增加。

第七章　碳排放披露

第一节　国际碳排放披露对标分析

作为环境信息披露中的一种，碳排放披露是指企业向公众公开碳排放管理战略、气候变化的潜在风险与机遇、碳排放量及排放强度信息。

碳披露项目（Carbon Disclosure Project，CDP）是一个非营利性组织，致力于通过让大型企业参与碳披露问卷调查、整理归纳问卷的内容，从而衡量、披露其温室气体排放信息及有关气候变化的战略目标，为投资者、政策制订者及非政府组织提供决策支持。当前，越来越多企业通过 CDP 披露了气候变化数据，2016 年约有 6300 家以上。通过国际碳排放信息自愿报告行动开展 CDP 披露，成为国际石油公司通行做法。

低碳发展已经成为国内外石化企业应对低碳政策风险、把握发展机遇、节能减排的顶层战略。鉴于此，各国油气企业都在积极开展低碳管理研究和应用，定期进行碳盘查及披露，及时掌握企业碳排放现状，积极接受公众舆论监督，确保企业绿色可持续的发展。

包括壳牌石油公司、英国石油公司、埃克森美孚公司在内的欧美等发达国家的大型油气企业，在低碳管理方面的研究较为成熟，都已建立了完善的低碳管理体系，建立了温室气体核算与报告系统，从而可以实时监测企业内部碳排放状况，积极参与碳排放权交易，努力主导行业低碳规则与相关标准形成。以下以英国石油公司、壳牌公司、道达尔公司、埃克森美孚公司及雪佛龙公司为例，调研分析国际巨头石油工业企业的碳排放现状。

一、英国石油公司（BP 公司）碳排放披露

（一）BP 公司企业概况

英国石油公司（BP）是由前英国石油、阿莫科、阿科和嘉实多等公司整合重组形成，是世界上大型的石油和石化集团公司之一，其具体业务涉及石油、天然气、可再生能源等众多能源方向。

BP 公司总部设在英国伦敦，拥有近 7.4 万员工遍布全世界，2017 年营业收入为

2443.6 亿美元，净利润为 33.9 亿美元，已探明储量为 178.1 亿桶油当量，炼油能力为 330 万桶/日。2018 年，BP 公司在《财富》杂志的全球 500 强中排名第八。

BP 公司已在低碳减排方面有着成熟的经验和深厚的积累，定期盘查并披露温室气体排放数据，每年发布全球排放数据及能源统计年鉴。

（二）BP 公司碳排放现状

本节以 BP 公司的碳披露项目报告（CDP 报告 2017 版）为例，解读其碳排放现状，数据为 2016 年其全年的碳排放数据。

BP 公司的核算边界为 100% 持有的资产以及参股资产的权益部分。这种核算边界与财务报表的方式标准相一致，增加了温室气体信息对于不同报告使用的兼容性，并能尽可能反映财务会计与报告标准所采用的信息。

BP 公司的核算范围包括直接排放（范围 1）、间接排放（范围 2）及生产和销售的油品带来的燃烧排放（一部分范围 3）。所涉及的温室气体主要包括：CO_2 与 CH_4，其他温室气体不在 BP 公司此次报告的范围。报告的地理范围包括加拿大、德国、美国及中国等 40 多个国家及地区的作业区及工厂，核算的主要依据包括：

（1）IPCC 第 4 次评估报告；

（2）ISO 14064 系列标准；

（3）IPIECA（国际石油行业环境保护协会）的石油工业报告温室气体排放指南（第二版）。

BP 公司 2016 年披露的碳排放总量（范围 1 及范围 2）为 56310000 吨 CO_2 当量，范围 3 的披露属于选择性自愿范围，BP 公司仅披露了客户使用其生产的油气及其他产品带来的排放，排放量为 3.95 亿吨 CO_2 当量。具体数据见表 7-1。

表 7-1　BP 公司 2016 年披露的碳排放量

分　类	碳排放量（吨 CO_2 当量）	占比（不含范围 3）	备　　注
范围 1	50100000	88.97%	经第三方核证
范围 2	6210000	11.03%	经第三方核证
范围 3	395000000	不适用	客户使用 BP 公司生产的油气及其他产品带来的排放

按其业务上下游来分，上游及下游的碳排放占据了范围 1 的排放量的 95% 以上，其中上游为 53.50%，下游为 42.05%。对于范围 2，下游业务的碳排放占了总量的 89.74%，其余是上游业务及其他经营。具体数据请见图 7-1 和图 7-2。

在 BP 公司的 CDP 报告中，同时给出了主要业务的排放量数字，主要涉及油气的勘探、生产及预处理、油气储运及分配、炼油及化工，以及产品的零售及市场。表 7-2 为主要业务的碳排放量及占比。

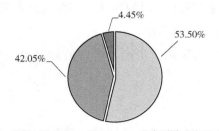
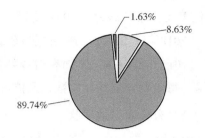

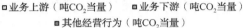

图 7-1 BP 公司范围 1 下的碳排放量(按业务上下游) 图 7-2 BP 公司范围 2 下的碳排放量(按业务上下游)

表 7-2 BP 公司按主要业务的碳排放量及占比

主要业务	范围 1		范围 2	
	碳排放量(吨 CO_2 当量)	占比(%)	碳排放量(吨 CO_2 当量)	占比(%)
油气的勘探、生产及预处理	20419000	42.16	536000	8.63
油气储运及分配	8322000	17.18	5572000	89.74
炼油及化工	19568000	40.41	0	0
产品的零售及市场	120000	0.25	101000	1.63

在 BP 公司的范围 1 碳排放量中,CO_2 占了 91.95%,其余为 CH_4,其他温室气体不在 BP 公司此次报告的范围(图 7-3)。

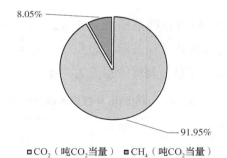

图 7-3 BP 公司范围 1 下的碳排放量(按温室气体类型)

二、壳牌石油公司(Shell 公司)碳排放披露

(一)壳牌企业概况

壳牌公司是全球大型能源企业之一,成立于 1907 年,在全球超过 70 个国家和地区开展业务,雇佣约 92000 名员工。公司总部位于荷兰海牙。壳牌公司的 2017 年营业收入为 3118.7 亿美元,净利润为 129.8 亿美元,LNG 年销量为 5710 万吨,采油能力为 370 万桶/日。2018 年,壳牌公司在《财富》杂志的全球 500 强中排名第五。

　　壳牌公司很早就认识到气候挑战以及能源在维持体面的生活质量方面所发挥的作用。壳牌公司支持建立政府主导的碳"定价"机制，它能对 CO_2 排放带来重大成本，对于促进向低碳电力和燃油的转型而言，都非常必要。

（二）壳牌公司碳排放现状

　　本节以壳牌公司的碳披露项目报告（CDP 报告 2017 版）为例，解读其碳排放现状，数据为 2016 年其全年的碳排放数据。

　　壳牌公司的核算边界为运营边界，即拥有超过 50% 的股份就拥有控制权的资产，对于此部分资产，需要计算全部的 GHG 排放量，而参股小于 50% 的资产，则不考虑拥有利益但无控制权的运营所产生的 GHG。

　　壳牌公司的核算范围包括直接排放（范围 1）、间接排放（范围 2）及采购、商业旅行、通信、上下游分销及运输、废物处理处置、投资及融资、客户使用生产的油气及其他产品带来的排放（一部分范围 3）。所涉及的温室气体主要包括：CO_2、CH_4、N_2O、HFCs、PFCs、SF_6、NH_3。报告的地理范围包括欧洲、非洲、美洲、亚洲、中东及大洋洲的作业区及工厂，核算的主要依据包括：

　　（1）IPCC 第 4 次评估报告；

　　（2）ISO 14064 系列标准；

　　（3）IPIECA 的《石油工业温室气体排放汇报指南》（第二版）；

　　（4）API 的《石油和天然气工业温室气体排放评估方法纲要》；

　　（5）温室气体议定书——公司计量及报告标准；

　　（6）美国环保署的强制温室气体报告准则。

　　壳牌公司 2016 年披露的碳排放总量（范围 1 及范围 2）为 8100 万吨 CO_2 当量，范围 3 的披露属于选择性自愿范围，壳牌公司披露了包括采购、商业旅行、通信、上下游分销及运输、废物处理处置、投资及融资、客户使用生产的油气及其他产品带来的排放，范围 3 的排放量为 6.53 亿吨 CO_2 当量。具体数据见表 7-3。

表 7-3　Shell 公司 2016 年披露的碳排放量

分　类	2016 年全年碳排放量（吨 CO_2 当量）	备　注
范围 1	70000000	经第三方核证
范围 2	11000000	经第三方核证
范围 3	653160000	包括采购、商业旅行、通信、上下游分销及运输、废物处理处置、投资及融资、客户使用生产的油气及其他产品带来的排放；已由第三方核证

壳牌公司将其业务分为了上游石油业务、下游石油业务、气体(含 LNG、页岩气等)、油砂及产品的零售及市场,其中上游石油业务、下游石油业务及气体(含 LNG、页岩气等)的碳排放占据了范围 1 的排放量的 94% 以上。对于范围 2,这三项业务的碳排放占了总量的 81% 以上,其余是油砂业务及产品的零售及市场。具体数据请见表 7-4、图 7-4 和图 7-5。

表 7-4　Shell 公司各业务的碳排放量

业　　务	范围 1	范围 2
上游业务($吨 CO_2$ 当量)	33800000	5500000
下游业务($吨 CO_2$ 当量)	18700000	1400000
气体(含 LNG、页岩气等)($吨 CO_2$ 当量)	13700000	2000000
油砂($吨 CO_2$ 当量)	3800000	1800000
产品的零售及市场($吨 CO_2$ 当量)	100000	200000

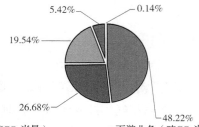

图 7-4　Shell 公司范围 1 的各业务碳排放量(按业务上下游)

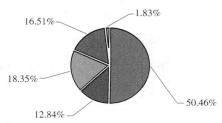

图 7-5　Shell 公司范围 2 的各业务碳排放量(按业务上下游)

在壳牌公司的范围 1 碳排放量中,CO_2 占了 95.153%,CH_4 占 4.403%,其他温室气体不到 0.5%,具体请见表 7-5。

表7-5　Shell公司按温室气体类型分的碳排放量

气体类型	范围1(吨CO_2当量)	占比(%)
CO_2	67000000	95.153
CH_4	3100000	4.403
N_2O	245000	0.348
HFCs	30000	0.043
SF_6	38000	0.054
PFCs及NH_3	0	0

三、道达尔石油公司碳排放披露

(一)道达尔公司企业概况

道达尔公司是全球第4大石油及天然气公司,业务遍及130余个国家和地区,员工总数达9.8万人,日产250万桶油当量,其中约48%为天然气。道达尔的2017年营业收入为1491亿美元,净利润为86.31亿美元。2018年,道达尔在《财富》杂志的全球500强中排名第二十八。

道达尔的低碳目标是,通过不断增加天然气和可再生能源在能源产量的占比,逐步降低能源生产和销售过程中的碳排放强度。大力提高天然气产量,使其超过石油产量,并增加低碳业务的份额,例如发展天然气中下游业务、可再生能源和储能、能效、清洁燃料以及碳捕集、再利用和封存技术等。道达尔的既定目标是在2035年前,将低碳业务在自身能源生产结构中的占比提高至近20%,通过其减排价值加快实现目标。

(二)道达尔公司碳排放现状

道达尔公司公开可得的碳披露项目(CDP)报告为2017版,所披露的是2016年全年的碳排放数据。

与壳牌公司相同,道达尔公司的核算边界也为运营边界,即拥有超过50%的股份就拥有控制权的资产,对于此部分资产,需要计算全部的GHG排放量,而参股小于50%的资产,则不考虑拥有利益但无控制权的运营所产生的GHG。

道达尔公司的核算范围包括直接排放(范围1)、间接排放(范围2)及商业旅行、通信、下游分销及运输、客户使用道达尔生产的油气及其他产品带来的排放(一部分范围3),所涉及的温室气体主要包括:CO_2、CH_4、N_2O、HFCs、PFCs、SF_6、NH_3。报告的地理范围包括欧洲、非洲、美洲、亚洲、中东及大洋洲的作业区及工厂,核算的主要依据包括:

(1)IPCC第4次评估报告;

(2)ISO 14064系列标准;

(3)IPIECA的《石油工业温室气体排放汇报指南》(第二版);

（4）EU-ETS（欧盟碳排放权交易体系）监测报告导则。

道达尔公司披露的 2016 年碳排放总量（范围 1 及范围 2）为 43400000 吨 CO_2 当量，范围 3 的披露属于选择性自愿范围，道达尔公司披露了包括商业旅行、通信、下游分销及运输、客户使用道达尔生产的油气及其他产品带来的排放，范围 3 的总排放量为 6.53 亿吨 CO_2 当量。具体数据见表 7-6。

表 7-6 道达尔公司 2016 年披露的碳排放量

分 类	碳排放量（吨 CO_2 当量）	占比（范围 1 及范围 2）	备 注
范围 1	39400000	90.78%	经第三方核证
范围 2	4000000	9.22%	经第三方核证
范围 3	426145000	不适用	包括商业旅行、通信、下游分销及运输、客户使用道达尔生产的油气及其他产品带来的排放；已经第三方核证

道达尔公司将其业务分为了上游业务、炼油及化工、气体、发电及可再生能源、产品的市场及服务，其中上游业务、炼油及化工的排放量占据了范围 1 的排放量的 99.5% 以上。对于范围 2，这两项业务的碳排放占了总量的 91.25%，其余是气体、发电及可再生能源和产品的市场及服务。具体数据请见表 7-7。

表 7-7 道达尔公司按主要业务分的碳排放量

主要业务	范围 1		范围 2	
	碳排放量（吨 CO_2 当量）	占比（%）	碳排放量（吨 CO_2 当量）	占比（%）
业务上游	19000000	48.22	200000	5.00
炼油及化工	20200000	51.27	3450000	86.25
市场及服务	200000	0.51	150000	3.75
气体、发电及可再生能源	0	0	200000	5.00

在道达尔公司的范围 1 碳排放量中，CO_2 占了 92.38%，CH_4 占 6.09%，其他温室气体不到 2%，具体请见表 7-8。

表 7-8 道达尔公司按温室气体类型分的碳排放量

气体类型	范围 1（吨 CO_2 当量）	占比（%）
CO_2	36400000	92.38
CH_4	2400000	6.09
N_2O	400000	1.01
其他气体：HFCs，PFCs，SF_6，NH_3	200000	0.52

四、埃克森美孚公司碳排放披露

（一）埃克森美孚公司企业概况

埃克森美孚公司是美国最大的石油及天然气公司，业务遍及 130 余国家。埃克森美孚公司的 2017 年营业收入为 2443 亿美元，净利润为 197.1 亿美元。2018 年，埃克森美孚公司在《财富》杂志的全球 500 强中排名第九。

埃克森美孚公司作为历届美国共和党的支持方，初期倾向于不支持《京都议定书》以及后续相关协议，并在一定程度上质疑温室气体对全球气候变化的作用，在美国国内及全球受到质疑并抵制后，逐步转变了方向，目前也在低碳方向做出了大量的努力。

埃克森美孚公司决定将全球炼化业务的能效进一步提高，未来几年内上游烃类火炬气排放量比 2008 年减少 20%，并选择先进的低碳能源进行推广、研发，在气候变化政策上积极协助政府并自我监控。

（二）埃克森美孚公司碳排放现状

埃克森美孚公司公开可得的碳披露项目（CDP）报告为 2017 版，所披露的是 2016 年全年的碳排放数据。

与 BP 公司相同，埃克森美孚公司的核算边界也为范围 1 及范围 2 项下的 100% 持有的资产以及参股资产的权益部分。这种核算边界与财务报表的方式标准相一致，增加了温室气体信息对于不同报告使用的兼容性，并能尽可能反映财务会计与报告标准所采用的信息。

埃克森美孚公司的核算范围包括直接排放（范围 1）、间接排放（范围 2）及生产和销售的油品带来的燃烧排放（一部分范围 3）。所涉及的温室气体主要包括：CO_2、CH_4、N_2O。报告的地理范围包括美洲、欧洲、中东及非洲、亚太的作业区及工厂，核算的主要依据包括：

（1）IPCC 第 4 次评估报告；

（2）ISO 14064 系列标准；

（3）IPIECA 的《石油工业温室气体排放汇报指南》；

（4）API 的《石油和天然气工业温室气体排放评估方法纲要》。

埃克森美孚公司披露的 2016 年碳排放总量（范围 1 及范围 2）为 128400000 吨 CO_2 当量，范围 3 的披露属于选择性自愿范围，埃克森美孚公司披露了包括商业旅行、通信、下游分销及运输、客户使用生产的油气及其他产品带来的排放，范围 3 的总排放量为 2.76 亿吨 CO_2 当量。具体数据见表 7-9。

表 7-9　埃克森美孚公司 2016 年披露的碳排放量

分　类	碳排放量（吨 CO_2 当量）	占比（%）	备　　注
范围 1	120000000	93.75	经第三方核证

分　类	碳排放量(吨 CO_2 当量)	占比(%)	备　　注
范围2	8000000	6.25	经第三方核证
范围3	275846472	不适用	包括客户使用埃克森美孚公司生产的油气及其他产品带来的排放；仅限于美国、新西兰、魁北克及安大略湖区

　　埃克森美孚公司将其业务分为了上游业务、下游业务、化工三部分，其中上游业务、下游业务的排放量占据了范围1的排放量的84%以上。对于范围2，上游业务及化工的排放量占了总量的75%。具体数据请见表7-10、图7-6和图7-7。

　　在埃克森美孚公司的范围1碳排放量中，CO_2 占了93.75%，CH_4 占5.47%，其他温室气体不到1%，具体请见图7-8。

表7-10　埃克森美孚公司按主要业务分的碳排放量

主要业务	范围1		范围2	
	碳排放量(吨 CO_2 当量)	占比(%)	碳排放量(吨 CO_2 当量)	占比(%)
上游业务	56000000	46.67	3000000	37.5
下游业务	45000000	37.50	2000000	25.00
化工	19000000	15.83	3000000	37.50

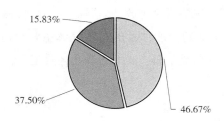

图7-6　埃克森美孚公司范围1碳排放量(按业务上下游)

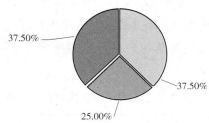

图7-7　埃克森美孚公司范围2碳排放量(按业务上下游)

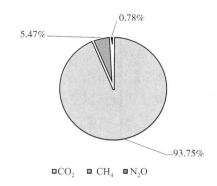

0.78%

5.47%

93.75%

▫CO₂ ▪CH₄ ▪N₂O

图7-8 埃克森美孚公司按温室气体类型分的排放量

五、雪佛龙公司碳排放披露

（一）雪佛龙公司企业概况

雪佛龙公司是美国第二大石油公司，业务遍及全球 180 个国家和地区，员工总数达 6.1 万人，日产 262 万桶油当量，其中 73% 的产量来自美国以外的 20 多个不同国家和地区。雪佛龙公司的 2017 年营业收入为 1345.33 亿美元，净利润为 91.95 亿美元。2018 年，雪佛龙公司在《财富》杂志的全球 500 强中排名第三十三。

作为美国传统油气公司，雪佛龙公司初期也倾向于抵制《京都议定书》以及后续相关协议，而后顺应大势，逐步转变方向，目前在低碳方向做出了大量的努力。

（二）雪佛龙公司碳排放现状

雪佛龙公司公开可得的碳披露项目（CDP）报告为 2017 版，所披露的是 2016 年全年的碳排放数据。

雪佛龙公司的核算边界为范围 1 及范围 2 项下的 100% 持有的资产以及参股资产的权益部分。这种核算边界与财务报表的方式标准相一致，增加了温室气体信息对于不同报告使用的兼容性，并能尽可能反映财务会计与报告标准所采用的信息。

雪佛龙公司的核算范围包括直接排放（范围 1）、间接排放（范围 2）及生产和销售的油品带来的燃烧排放（一部分范围 3）。所涉及的温室气体主要包括：CO_2、CH_4、N_2O。报告的地理范围包括美洲、欧洲、中东及非洲、亚太的作业区及工厂，核算的主要依据包括：

（1）IPCC 第 4 次评估报告；

（2）ISO 14064 系列标准；

（3）IPIECA 的《石油工业温室气体排放汇报指南》（第二版）；

（4）API 的《石油和天然气工业温室气体排放评估方法纲要》；

（5）澳大利亚的国家温室气体及能源报告法案；

（6）韩国温室气体及能源目标管理系统运行指南；

（7）美国环保署温室气体强制报告法令。

雪佛龙公司披露的 2016 年碳排放总量（范围 1 及范围 2）为 0.64 亿吨 CO_2 当量，范围 3 的披露属于选择性自愿范围，雪佛龙公司仅披露了客户使用生产的油气及其他产品带来的排放，范围 3 的总排放量为 3.64 亿吨 CO_2 当量。具体数据见表 7-11。

表 7-11 雪佛龙公司 2016 年披露的碳排放量

分　类	碳排放量（吨 CO_2 当量）	占比（%）	备　注
范围 1	60000000	93.75	经第三方核证
范围 2	4000000	6.25	经第三方核证
范围 3	364000000	不适用	包括客户使用雪佛龙生产的油气及其他产品带来的排放，并已经第三方核证

雪佛龙公司将其业务分为了上游业务、下游业务、其他三部分，其中上游业务、下游业务的排放量占据了范围 1 的排放量的 94% 以上。对于范围 2，上游业务及下游业务的排放量也占了总量的 95% 以上。具体数据请见表 7-12、图 7-9 和图 7-10。

在雪佛龙公司的范围 1 碳排放量中，CO_2 占了 89.28%，CH_4 占 7.95%，其他温室气体不到 3%，具体请见表 7-13。

表 7-12 雪佛龙公司按主要业务分的碳排放量

主要业务	范围 1		范围 2	
	碳排放量（吨 CO_2 当量）	占比（%）	碳排放量（吨 CO_2 当量）	占比（%）
上游业务	36000000	59.41	2000000	51.81
下游业务	21000000	34.65	1700000	44.04
其他	3600000	5.94	160000	4.15

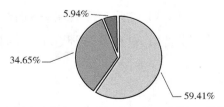

5.94%
34.65%
59.41%

□上游业务（吨 CO_2 当量） ■下游业务（吨 CO_2 当量） ■其他（吨 CO_2 当量）

图 7-9 雪佛龙公司范围 1 碳排放量（按业务上下游）

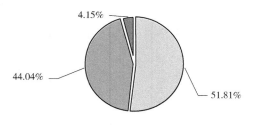

□ 上游业务（吨CO_2当量） □ 下游业务（吨CO_2当量） □ 其他（吨CO_2当量）

图 7-10　雪佛龙公司范围 2 碳排放量（按业务上下游）

表 7-13　雪佛龙公司按温室气体类型分的碳排放量

气体类型	范围 1(吨 CO_2 当量)	占比(%)
CO_2	55000000	89.28
CH_4	4900000	7.95
N_2O	1700000	2.76
其他	2200	0.004

六、对标分析

通过上述分析可以看到包括 BP 公司、壳牌公司、道达尔公司、埃森克美孚公司、雪佛龙公司等国际各大石油公司在 2017 年碳披露项目（CDP）报告中的主要相关信息，主要要点详见表 7-14，其中披露的碳排放数据为 2016 年全年值。

而在国内，目前石油石化企业对 CDP 的重视程度普遍不高，中国石化作为国内唯一一家进行 CDP 披露的石化企业，已向社会公开碳披露项目（CDP）报告 2017 版，所披露的是 2016 年全年的碳排放情况，但中国石化的 CDP 报告中并没有披露具体温室气体排放量以及分项排放量，仅对核算边界、核算范围、核算标准及组织目标等非量化信息进行了解释。中国石化的核算边界为运营边界，即拥有的超过 50% 的股份就拥有控制权的资产；核算范围包括直接排放、间接排放。所涉及的温室气体主要包括：CO_2、CH_4、N_2O、HFCs、PFCs、SF_6。报告核算的主要依据为 IPCC 第 4 次评估报告和 ISO 14064-1。需要说明的是，碳排放核算部分是 CDP 报告的核心部分，在 CDP 报告中，对应的模块是温室气体排放核算、能源及燃料的使用及贸易模块，所涉及的章节为 CC7 至 CC14。五大国际石油公司在这一板块上均披露了大量的信息，具体的相应章节请参见以下对标分析表（表 7-15）。

表7-14 对标分析表——温室气体排放核算、能源及燃料的使用及贸易模块（一）

公司名称	核算边界	核算依据	核算范围	温室气体类型	碳排放总量（范围1及范围2）（吨CO_2当量）	参与碳交易市场
BP公司	100%持有的资产以及参股资产的权益部分	(1) IPCC 第4次评估报告； (2) ISO 14064 系列标准； (3) IPIECA的《石油工业温室气体排放汇报指南》(第二版)	直接排放，间接排放，生产及销售的油品带来的燃烧排放	CO_2, CH_4	56310000	EU-ETS，美国加利福尼亚州以及新西兰的碳交易市场
壳牌公司	运营边界，即拥有超过50%的股份就拥有控制权的资产	(1) IPCC 第4次评估报告； (2) ISO 14064 系列标准； (3) IPIECA的《石油工业温室气体排放汇报指南》(第二版)； (4) API的《石油和天然气工业温室气体排放评估方法纲要》； (5) 温室气体议定书——公司计量及报告标准； (6) 美国环保署的强制温室气体报告准则	直接排放，间接排放，采购、商业旅行、通信、上下游业务运输、投资及融资、客户使用、废物处理处置，生产的油气及其他产品带来的排放	CO_2, CH_4, N_2O, HFCs, PFCs, SF_6, NH_3	81000000	EU-ETS 及加拿大的碳交易市场
埃克森美孚公司	直接排放，间接排放下100%持有的资产以及参股资产的权益部分	(1) IPCC 第4次评估报告； (2) ISO 14064 系列标准； (3) IPIECA的《石油工业温室气体排放汇报指南》(第二版)； (4) API的《石油和天然气工业温室气体排放评估方法纲要》	直接排放，间接排放，生产及销售的油品带来的燃烧排放	CO_2, CH_4, N_2O	128400000	EU-ETS，美国加利福尼亚州以及新西兰及加拿大的碳交易市场
道达尔公司	运营边界，即拥有超过50%的股份就拥有控制权的资产	(1) IPCC 第4次评估报告； (2) ISO 14064 系列标准； (3) IPIECA的《石油工业温室气体排放汇报指南》(第二版)； (4) EU-ETS 监测报告导则	直接排放，间接排放，商业旅行、通信、下游分销及运输、客户使用道达尔公司生产的油气及其他产品带来的排放	CO_2, CH_4, N_2O, HFCs, PFCs, SF_6, NH_3	43400000	EU-ETS 碳交易市场

续表

公司名称	核算边界	核算依据	核算范围	温室气体类型	碳排放总量（范围1及范围2）（吨CO₂当量）	参与碳交易市场
雪佛龙公司	直接排放、间接排放，放下100%持有及参股资产以及参股权益部分	(1) IPCC第4次评估报告；(2) ISO 14064系列标准；(3) IPIECA的《石油工业温室气体排放汇报指南》（第二版）；(4) API的《石油和天然气工业温室气体排放评估方法纲要》；(5) 澳大利亚的国家温室气体及能源报告法案；(6) 韩国温室气体及能源目标管理系统运行指南；(7) 美国环保署温室气体强制报告法令	直接排放、间接排放，客户使用生产的油气及其他产品带来的排放	CO_2，CH_4，N_2O	64000000	美国加利福尼亚州及加拿大魁北克的碳交易市场

表7-15　对标分析表——温室气体排放核算、能源及燃料的使用及贸易模块（二）

CDP章节	CDP报告披露项	BP公司	壳牌公司	道达尔公司	埃克森美孚公司	雪佛龙公司
CC7 方法学	所涉温室气体	CO_2及CH_4	CO_2，CH_4，N_2O，$HFCs$，$PFCs$，SF_6，NH_3	CO_2，CH_4，N_2O，$HFCs$，$PFCs$，SF_6，NH_3	CO_2，CH_4，N_2O	CO_2，CH_4，N_2O，$HFCs$，$PFCs$，SF_6，NH_3
	基准年	2015年	2015年	2010年	2007年	2015年
	核算标准	IPCC第4次评估报告，ISO 14064系列标准，IPIECA《石油工业温室气体排放汇报指南》	IPCC第4次评估报告，ISO 14064系列标准，IPIECA《石油工业温室气体排放汇报指南》，API的《石油和天然气工业温室气体排放评估方法纲要》，温室气体议定书，美国环保署温室气体报告准则	IPCC第4次评估报告，ISO 14064系列标准，IPIECA《石油工业温室气体排放汇报指南》，EU-ETS监测报告导则	IPCC第4次评估报告，ISO 14064系列标准，IPIECA《石油工业温室气体排放评估指南》，API的《石油和天然气工业温室气体排放评估方法纲要》	IPCC第4次评估报告，ISO 14064系列标准，IPIECA《石油工业温室气体排放汇报指南》，API的《石油和天然气工业温室气体排放评估方法纲要》，澳大利亚的国家温室气体及能源报告法案，韩国温室气体系统运行指南、目标管理系统运行指南，美国环保署温室气体报告法令

续表

CDP章节	CDP报告披露项		BP公司 权益边界（控股及参股）	壳牌公司 运营边界（控股50%及以上）	道达尔公司 运营边界（控股50%及以上）	埃克森美孚公司 权益边界（控股及参股）	雪佛龙公司 权益边界（控股及参股）
CC8 范围	核算边界	范围1	包括	包括	包括	包括	包括
		范围2	包括	包括	包括	包括	包括
	披露范围	范围3	仅包括客户使用生产的油气及其他产品带来的排放	包括采购、商业旅行、通信、上下游处理处置、废物处理处置、投资及融资、客户使用生产的油气及其他产品带来的排放	包括商业旅行、通信、下游分销及运输、客户使用道达尔公司生产的油气及其他产品带来的排放	包括客户使用埃克森美孚公司生产的油气及其他产品带来的排放	仅包括客户使用生产的油气及其他产品带来的排放
	减排量是否经第三方核证		是	是	是	是	是
	报告的地理范围		包括加拿大、德国、美国及中国等40多个国家及地区的作业区及工厂	包括欧洲、非洲、美洲、亚洲、中东及大西洋洲的作业区及工厂	包括欧洲、非洲、美洲、亚洲、中东大西洋洲的作业区及工厂	包括美洲、欧洲、中东、亚太的作业区及非洲、及工厂；仅限于美国、新西兰、魁北克及安大略湖区	包括美洲、欧洲、中东、亚太的作业区及非洲、亚太的作业区及工厂
CC9 范围1、CC10 范围2	是否按业务上下游披露温室气体排放量？		是	是	是	是	是
	是否披露具体业务板块披露温室气体排放量？		是	是	是	否	否
	是否披露国家/地区披露温室气体排放量？		是	是	是	是	是
CC11 能源消耗	是否按能源类型披露（间接排放）的温室气体排放？		否	是	是	否	是
	是否披露范围2（间接排放）的排放？		是	是	是	否	否
	是否披露范围2的排放因子？		是	是	是	是	是
CC12 排放绩效	是否披露排放绩效？		是	是	是	是	是
CC13 排放权交易	是否参与排放权交易，并披露减排项目信息？		是	是	参与排放权交易，但报告期内没有减排项目	是	是
CC14 范围3、CC8 范围	是否披露范围3的排放？		是	是	是	是	是

　　由上表的对比可以看出，五大石油公司均积极回应了温室气体排放核算、能源及燃料的使用及贸易模块的问题，在报告中也披露了核算方法、范围等大量数据，并使用了第三方机构核证核算数据。但每家企业在报告细节上却有所不同，包括基准年的选择、披露温室气体类型以及核算边界等等，这差异恰恰和企业目前运行的会计统计方式、是否为上市公司、生产经营的实际情况以及报告策略相关。

　　从报告策略上，BP公司、壳牌公司及道达尔公司对报告的数据公开透明很在意，尽可能地披露相关信息，履行企业的温室气体减排承诺，更愿意受到社会舆论的监督。而作为美国传统石油企业的埃克森美孚公司及雪佛龙公司，则只在不能回避的标准问题上进行了回答，而回避了核算过程中的细节问题。这与美国石油企业初期并不支持气候变化，反对温室效应理论，并在整个气候战略及碳减排上采取消极态度相关。内部的准备不足，细节数据及核算过程不满足社会公开的条件。

　　对于中国石油，应该在原有温室气体核算体系基础上，对CDP报告所需数据部分做适用性的分析，包括适用方法学、核算边界、排放范围分类。满足适用的前提，可做到数据抓取，并最大限度满足一致性的要求。如适用性难以满足要求，则需按CDP报告口径进行数据收集统计，并由第三方核证。

第二节　国内碳排放披露情况说明

一、中国石油碳排放现状

　　中国石油的温室气体排放类型包括直接排放和间接排放。其中直接排放包括燃料燃烧排放、过程排放、逸散排放、回收利用；间接排放量为净购入电力、蒸汽和热水产生的间接排放之和。中国石油主要温室气体排放类型为二氧化碳，占温室气体排放总量的92%；主要排放源为燃料燃烧排放、过程排放等直接排放源，直接排放占总排放量约80%。

　　2015年中国石油的温室气体总排放为17467.89万吨CO_2当量，按照股权比例折算权益排放为17107.01万吨CO_2当量。图7-11为2015年中国石油的温室气体排放量占比情况。

　　直接排放为14336.20万吨CO_2当量；其中，燃料燃放为10411.67万吨CO_2当量；过程排放为3488.14万吨CO_2当量；逸散排放为494.82万吨CO_2当量；回收利用温室气体58.43万吨CO_2当量，在计算总排放量时进行扣减。

　　间接排放为3131.68万吨CO_2当量；其中，净购电力排放为3023.38万吨CO_2当量，净购蒸汽排放为82.10万吨CO_2当量，净购热水排放为26.21万吨CO_2当量。

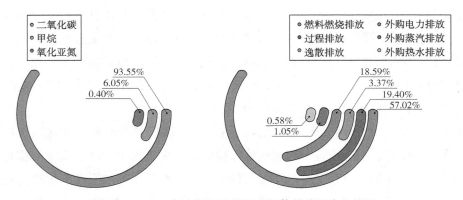

图 7-11　2015 年中国石油的温室气体排放量占比情况

2015 年中国石油温室气体排放量最大的三家企业是大庆油田（排放 1858.14 万吨 CO_2 当量）、长庆油田（排放 1271.59 万吨 CO_2 当量）、新疆油田（排放 960.52 万吨 CO_2 当量）。

就油气的勘探及生产板块来说，这部分占 2015 年当年总排放的 40.8%，相比 2013 年中国石油的相应数据（43%）已有显著降低。结合中国石油对下游炼化的大力发展，这也印证了，作为目标为向上下游产业均衡发展的中国石油，油气开采所占的温室气体排放比例在逐年趋近行业平均水平。就排放源来说，燃烧排放在 2015 年整个勘探与生产分板块排放中所占的比例约为 59.37%，过程排放的比例约为 16.06%，逸散排放为 6.34%，间接排放为 18.33%。对比 2013 年的数字，燃烧排放及逸散排放所占比例分别下降了 2.25% 与 0.93%，而过程排放与间接排放则分别升高了 3.32% 与 4.74%。可以预计，随着环保要求提升、出井原油品质的下降以及用能方式的转变，以上变化还将持续进行。

就炼油化工板块来说，这部分占总温室气体排放的 50.32%。就排放源来说，燃烧排放在整个炼油与化工分公司排放中所占的比例约为 60.3%，工艺排放的比例约为 25.6%，仅次于燃烧排放，间接排放为 14.1%。燃烧排放这一比例高于美国石油学会的典型炼厂统计，但这与典型炼厂的规模、原油品质、加工深度、油品标准、下游化工深加工能力相关。需要指出的是，中国石油 2015 年的这一比例，已低于 2013 年中国石油的相应数据（61.2%），过程排放的比例也相应有所提升。结合目前环保要求的提高，尤其是对于大气排放标准的严格执行，以及油品含硫量标准的提升，过程工艺排放也会相应增加，这也必然增加炼化行业的温室气体减排压力。

就油气储运环节来说，这部分在整个集团的温室气体排放中占 6.7%。就排放源来说，逸散排放在整个油气储运排放中所占的比例约为 41.6%，燃烧排放为 31%，间接排放为 23.98%，而过程排放为 3.32%。截至 2015 年，全国已建成的油气管道总长度达到 12 万千米，中国石油运行的超过 10 万千米，保持在 70% 以上。"十三五"期间，中国石油投入运营的油气（尤其是天然气）管道还将继续高速增值，这将导致油气储运领域温室气体排放量和比例持续增加。

二、中国石化碳排放现状

作为中国大型油气生产商和世界最大炼油生产商,截至 2017 年底,中国石化的原油探明储量为 1599 百万桶、天然气探明储量为 69970 亿立方英尺(1 立方英尺 = 0.0283 立方米),炼油一次加工能力为 2.95 亿吨/年,进口原油 2.09 亿吨,原油贸易量为 3.39 亿吨。

公司主要炼油装置位于中国,并在沙特阿拉伯延布合资建设炼化项目,乙烯产量为 1161 万吨。2017 年加工原油 2.39 亿吨。主要油气资产位于中国,在境外有 4 个油气项目,分别位于哈萨克斯坦、俄罗斯、哥伦比亚及安哥拉。

作为目前国内进行 CDP 披露的唯一石化企业,中国石化公开可得的碳披露项目(CDP)报告为 2017 版,所披露的是 2016 年全年的碳排放情况,但中国石化的 CDP 报告并没有披露具体温室气体排放量以及分项排放量,仅对核算边界、核算范围、核算标准及组织目标等非量化信息进行了解释。

中国石化的核算边界为运营边界,即拥有的超过 50% 的股份就拥有控制权的资产,对于此部分资产,需要计算全部的 GHG 排放量,而参股小于 50% 的资产,则不考虑拥有利益但无控制权的运营所产生的 GHG。

中国石化的核算范围包括范围 1(直接排放)、范围 2(间接排放)。所涉及的温室气体主要包括:CO_2、CH_4、N_2O、HFCs、PFCs、SF_6。报告核算的主要依据为:

(1) IPCC 第 4 次评估报告;

(2) ISO 14064-1。

根据中国石化的可持续发展报告,中国石化 2017 年温室气体排放总量为 1.6266 亿吨 CO_2 当量(未明确包括的范围及核算标准),2017 年实现减排 5.42 百万吨 CO_2 当量(未明确减排机制及核证方式),实现二氧化碳捕集 27 万吨。

中国石化主要参与了中国的国内试点碳市场,针对全国碳市场启动,中国石化全面梳理自备电厂,测算碳排放数据,确定将被纳入的企业名单。继续开发、储备中国经核证的减排量(CCER)项目,降低公司履约成本。2017 年中国石化下属公司参与碳交易试点的均按时完成碳配额履约,碳交易量为 135 万吨、交易额约人民币 1900 万元。

三、中国海油碳排放现状

作为中国最大的海上油气生产商,中国海油的主要业务为勘探、开发、下游生产加工及销售原油和天然气。

目前,中国海油以中国海域的渤海、南海西部、南海东部和东海为核心区域,资产分布遍及亚洲、非洲、北美洲、南美洲、大洋洲和欧洲。截至 2017 年底,中国海油拥有证实储量约 48.4 亿桶油当量。

2017年，中国海油生产原油7551万吨、天然气259亿立方米，进口LNG 2046万吨，天然气发电213亿千瓦时，加工原油3592万吨，油品贸易量为9250万吨。

万元产值二氧化碳排放量（吨/万元）

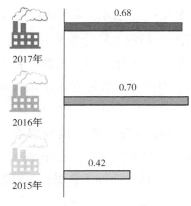

图7-12　中国海油温室气体排放量

中国海油并未在可持续发展报告中公布其集团的温室气体排放量，也未在CDP中回复任何信息。在其2017的可持续发展报告中，涉及温室气体减排的内容仅有当年的万元产值CO_2排放量为0.68吨/万元，这一数字相比2016年的0.7吨/万元有所下降（图7-12）。

中国海油上游产业的上市公司平台中国海洋石油有限公司，在其公布的2017年年报中，其当年的温室气体总排放量为782.9万吨CO_2当量，其中直接排放为773.6万吨CO_2当量，间接排放为9.3万吨CO_2当量；而其2016年的温室气体总排放量为709.6万吨CO_2当量，其中直接排放为673.5万吨CO_2当量，间接排放为36万吨CO_2当量。

中国海油下游产业的化工及化肥上市公司平台为中海石油化学股份有限公司，其公布的报告中，依据《中国化工生产企业温室气体排放核算方法与报告指南（试行）》，公司2017年碳排放总量为635.32万吨CO_2当量（未经第三方核算），其中海洋石油富岛排放332万吨CO_2当量，占52.26%；其他依次为华鹤煤化工26.31%、天野化工18.81%、大峪口化工2.62%。

由于数据限制，未能找到中国海油及其他下属企业的碳排放情况。

第三节　石油企业碳披露项目（CDP）指南

碳披露项目方式以指导企业进行碳数据审查和完成CDP问卷为主，将企业的碳信息进行解读和分析，为企业履约、碳交易、低碳建设、供应链碳管理等提供有力支撑，以便投资者评估其与环境变化相关的风险。CDP是试图形成公司应对气候变化，碳交易和碳风险方面的信息披露标准，以弥补没有碳排放权交易会计准则规范的缺陷。

从2003年起，CDP发布公告CDP1，2004—2007年陆续发布了CDP2、CDP3、CDP4和CDP5，目前CDP 2017的版本是目前可得的最新版本，按照CDP报告的要求，石油石化企业的碳披露项目（CDP）报告的基本框架包括了四个方面：

（1）温室气体的公司治理、战略和减排目标。

气候变化不仅仅是一个环境问题，更是一个关系到企业生存和发展的实际问题。因此，公司及公司管理层在公司治理上如何采取有效措施实现控制或减少温室气体排放即是报告所关心的问题。公司的低碳战略，主要考虑是否将减排目标与实际业务相结合，是否将发展低碳技术或低碳产品视为公司的发展目标。公司的减排目标分为 5 年的近期目标以及中长期目标，主要指的是针对基准年温室气体排放量的降低承诺(百分比)。

（2）公司温室气体的风险机遇及减排路径。

一般而言，气候变化的风险包括自然风险(如恶劣气候)、法规风险(如能源效率标准的提高)、竞争风险(如低碳技术的应用)和声誉风险(如环保责任)。每个企业或部门或利益相关者基于行业和产品的差异关注不同的风险，但都意识到了气候变化可能带来的风险。气候变化给公司新的机遇是指促使更多企业投资低碳技术的开发和低碳型产品的设计，以满足未来更加环境友好及低碳的市场及消费者的需求。减排路径及方向，是指公司结合自身实际情况，设定的减排领域。

（3）温室气体排放核算。

具体的核算方法包括基准年的选择、披露温室气体类型、核算边界、核算方法学的选择及是否经外部核证、温室气体直接减排和间接排放量，以及范围 3 所包括的内容及排放量等。除此以外，温室气体减排核算还包括能源利用情况、在不同碳市场所获得的碳排放配额和核证的减排量。

整体来说，这部分也是整个报告的核心部分，专业性较强，数据来源广泛，有严格的方法学和计算统计方法。目前大多数企业都是委托专业的咨询机构进行数据收集分析，并选择最优的方式填报排放量及减排量数据，同时聘请第三方机构对整个数据章节做检查核证，以确保数据真实有效，并与其他口径公开数据相一致。

（4）石油石化企业的生产经营信息。

此部分为报告的附件，是结合石油石化企业生产情况及行业特殊性提的问题，主要包括报告期的油气产品的生产量、生产成本、重要生产环节的排放、排放强度，以及甲烷的排放及减排情况。

以上的第(1)点至第(3)点内容为报告的基础章节，第(4)点内容作为附件，为报告的选填章节。但实际操作上来看，各个石化企业填报的信息范围也不完全相同，中国石化的 2017 年 CDP 报告只填写了第(1)及第(2)点内容，未填写第(3)、第(4)点内容。而五大国际油气公司在每个部分中也有很多差异，有不同程度未填写或不适用的项目，这是由于碳披露目前没有公认的统一标准和规范。不同企业在温室气体核算的细节上有所不同，包括基准年的选择、核算方法学、核算边界以及包括的温室气体类型及范围等等，这些差异恰恰和不同企业目前运行的会计统计方式、是否为上市公司、生产经营的实际情况以及报告的策略相关。不同的标准从不同角度可以解读企业披露的碳信息，可以适应不同的信息需求主体，但难以做企业间的数据横向对比及分析，无法比较各公司减排成本和所取得的成效。

碳排放核算包含了三个范围，即范围1直接排放、范围2能耗造成的间接碳排放以及范围3价值链上下游在内的其他间接碳排放。其中范围3的碳排放自由选择性更大，正常的范围包括员工的商务旅行、外部的分销和物流、公司的油气产品的使用和存储、公司的供应链以及其他碳排放，但包括BP公司、埃克森美孚公司及雪佛龙公司在内的企业都只披露了公司生产的油气产品燃烧或使用带来的排放。

为便于CDP报告的编写，以及侧重点的选择，本指南按标准动作及加分动作，将报告的所有章节/披露项逐一列在表7-16中。其中标准动作即为行业内通行做法披露的内容，加分动作为在披露内容和效果上做得更好的建议披露项，加分动作可根据企业实际情况进行选择。

表7-16　石化企业碳披露项目（CDP）建议表

CDP 章节	CDP 报告披露项	标准动作	加分动作
CC1 公司治理	是否披露管理层的温室气体减排责任	√	
CC2 战略	是否描述公司的温室气体管理战略	√	
	是否在公司内使用内部碳价作为项目决策及评估的指标		√
	如何参与温室气体政策指定	√	
	参与了哪些主要交易商协会	√	
CC3 目标	是否有5年短期减排目标		√
	是否有中长期减排目标	√	
	是否披露报告期内的减排项目	√	
CC4 披露	除了CDP外，是否还有其他碳披露的手段		√
CC5 和 CC6 机会风险	是否列明其气候变化的风险	√	
	是否列明其气候变化的机会	√	
	是否列明重点减排方向	√	
CC7 方法学	所涉温室气体	√	
	基准年	√	
	核算标准	√	
CC8 范围	核算边界	√	
	范围1	√	
	范围2	√	
	范围3		√
	减排量是否经第三方核证		√
CC9 范围1、CC10 范围2	报告的地理范围	√	
	是否按业务上下游披露温室气体排放量		√
	是否按具体业务板块披露温室气体排放量		√
	是否按国家/地区披露温室气体排放量		√

续表

CDP 章节	CDP 报告披露项	标准动作	加分动作
CC11 能源消耗	是否按能量类型披露范围2(间接排放)的温室气体排放量		√
	是否披露范围2的排放因子		√
CC12 排放绩效	是否披露排放绩效		√
CC13 排放权交易	是否参与排放权交易,并披露减排项目信息	√	
CC14 范围3、CC8 范围	是否披露范围3的排放量		√
石油石化生产经营(附件)	是否披露了企业油气生产经营信息		√

第四节 国内外碳排放信息披露小结

目前国际社会对碳排放信息披露越来越重视,比如英国伦敦证交所上市公司自2013年9月起被要求披露温室气体排放数据,使英国成为上市公司披露温室气体排放的年度报告中第一个强制要求的国家。美国联邦政府立法部门主要推动的以1994年"自愿温室气体报告计划"为先导,逐步加强强制性碳披露义务和责任报告登记,并于2008年环保局实施强制性的温室气体报告登记制度为基础,建立了联邦级别的询问管理系统和温室气体排放体系。目前,已有18个州要求当地企业对碳排放进行量化和报告。2007年,澳大利亚政府发布了《2007年国家温室气体和能源报告法案》,要求只要超过临界点,就要向监管部门提交排放、能源生产和消费的报告。

从各地披露情况可以看出,国外对碳披露要求的总体趋势是由自愿性披露趋向强制性披露。但碳披露也存在以下主要问题:第一,国际标准众多,根据披露对象及主体不同可以分为国家层面、组织和项目级别标准以及国际标准、国家标准和行业标准等等;由于上述不同,标准的出发点和目的也不同,信息披露要求及内容存在不一致,按照不同标准计算并披露的碳排放计算更加不同,无法开展相互比较。第二,从环境信息披露的早期阶段来看,碳排放信息主要分布在年度报告的不同部分;但随着技术的进步,披露的方式越来越多样化,信息披露的范围也有所不同。第三,在碳披露领域存在各种碳披露框架,从横向看,揭示碳信息的程度是显著不同的;从纵向看,即使相同的信息披露框架也会随着时间的不同而存在变化。

根据英国的碳披露项目(CDP)在中国的调查结果可以看出,中国企业碳排放信息问卷回收率逐年增加,56%的企业已经制定绝对值的目标,这表明中国企业在节能减排的压力下越来越关注碳排放。2003年《关于企业环境信息公开的公告》是中国第一个企业环境信息披露的规范,规定各省、自治区、直辖市人民政府环境保护部门定期公布超标准排放污染物或超过污染物排放总量限额的污染企业,并鼓励上市公司自愿披露环境信息。2005年颁布的《国务院关于落实科学发展观加强环境保护的决定》规定企业应公开本企业环境信息。2008 年 5 月，在上海证券交易所刊发的《上市公司环境信息披露指南》和《关于加强上市公司社会责任承担工作的通知》，书面指导了上市公司的社会责任，鼓励上市公司在披露公司年度报告的同时，还应披露公司的年度社会责任报告，使环境信息成为年度报告的内容。2014 年 4 月《中华人民共和国环境保护法》修订，2015 年 1 月 1 日生效，总结当前法律法规有关信息公开和公众参与的现状，监管披露污染数据以提高透明度，并要求政府机关公开发布信息。在国际碳披露背景下，国内的机构组织也开始着眼于解决碳披露问题，如北京绿色金融协会联合北京环境交易所等四家碳交易平台，发起了中国企业碳披露项目。此项目的范围是在中国境内的所有从事生产经营活动的企业，采取向企业发放碳披露调查问卷的形式。2013 年是该调查问卷投入市场的第一年，其中向企业发放了 450 份的调查问卷，据调查显示，其中有 60% 的企业回复了调查问卷，并提交了年度企业碳排放数据。

可见，中国目前的碳披露仍然是自愿披露制度，相关的法律法规没有对其作出强制性规定。首先，中国没有相应的立法，即在没有碳披露立法、没有法律支持的情况下对碳信息进行披露。企业环境信息披露更多的是一种负担，而不是公司义务；太宽泛的规定和信息披露缺乏一定的可操作性。其次，主体发展的差异导致了披露的内容冲突，这也是在该领域内碳信息披露存在的最主要的问题。最后，缺乏相关部门的监督、独立的第三方机构的鉴证和利益相关者的监督等，导致碳信息披露水平较差，披露信息及质量得不到保证。相关政府部门的监督、政府审计制度、独立的第三方机构的鉴证制度和利益相关者的监督等，这些方面的缺失都是导致企业环境信息披露水平和质量不高的原因。

第五节　其他碳披露体系的介绍

除了最具影响力的碳披露项目（CDP）以外，针对不同的相关要求，还有不同的碳披露体系。

上市公司要求：香港证券交易所环境、社会及管治报告指引已要求上市公司披露碳排放数据，股份公司作为上市公司，需按照国际准则发布碳披露报告；境内外投资者也要求披露碳排放信息；2010 年 2 月，美国证监会就气候变化披露刊发诠释指引，要求公司在10-K 表格中披露与气候变化有关的业务风险信息；2016 年 8 月中国人民银行、财政部、国家发改委、环境保护部、银监会、证监会、保监会等七部委联合发布《关于构建绿色金融体系的指导意见》，要求建立上市公司和发债企业强制性环境信息披露制度，同时鼓励金融机构对环境风险进行压力测试。

海外业务要求：IPCC、世界资源研究所（WRI）、API 也制定了多项油气行业温室气体排放核算标准，集团公司海外业务所在国家和地区采取不同的标准。全球报告倡议组织（GRI，The Global Reporting Initiative）发布了《可持续发展报告指南》（G4 版）标准等。书中简述了《可持续发展报告指南》（G4 版）标准及港交所《环境、社会及管治报告指引》（《ESG 指引》）的内容。GRI 制定了一个适用范围非常广的可持续发展报告框架，该框架是由美国工商界、劳工组织和专业机构共同制定的，该框架提供的原则可用于测量和报告企业的经济、环境友好性以及社会表现力，其中包含与环境变化相关的问题。按照 GRI《可持续发展报告指南》（G4 版）和《油气行业可持续发展报告指南》（2010 版）的要求，温室气体排放相关的要求披露的内容有：公司战略及倡议的目标，范围 1、范围 2 及范围 3 的温室气体排放量，温室气体排放强度，报告期内的减排量。

2014 年，港交所倡导的环境、社会及管治的披露也开始施行。目前，所有港交所上市公司均需要遵守《环境、社会及管治报告指引》进行报告，否则公司需要公开解释不遵守的原因。按照《ESG 指引》，温室气体排放相关的要求披露的内容有：公司遵守的政策法规及违规情况介绍、排放量的种类及相关排放量、报告期内的减排量。

由上可知，GRI《可持续发展报告指南》及《ESG 指引》的要求内容比较少，未涉及排放量计算的过程信息及分项排放信息，CDP 报告的数据成果可以用来满足上述两个报告的要求。

第八章 温室气体排放管理及信息化建设

温室气体排放管理系统主要用于集团相关企业的温室气体排放、配额交易和储备集团公司各下属企业减排项目的碳交易项目，重点是通过温室气体排放数据报送摸清集团碳排放家底、理清集团的碳资产情况，包括配额管理和从减排项目的申请到最终项目产生碳交易项目管理，维护集团公司各企业基本信息，开立碳交易项目持有账户，承载各企业所拥有的碳交易配额和项目管理。企业申请开展减排项目，集团公司审定减排项目并登记项目信息，项目产生碳交易项目后由所属企业上报实际的碳交易项目，集团公司对其进行核查并最后登记有效的碳交易项目信息。具体业务程序分为账户设立、项目登记、碳交易项目上报、审定核查和碳交易项目编码储备五部分。其中核心功能为账户设立功能，集团公司下属企业均需在碳交易项目储备管理系统内设立账户，账户下开发项目登记功能，登记各类型减排项目并上传相应的设计、审批、审核文件，实现碳交易项目资源的储备。

第一节 温室气体排放管理系统架构及说明

温室气体排放管理系统需要具备：碳交易项目登记管理系统、价值发现管理、交易管理系统、核算方法学管理、查询统计、决策分析、企业监管合规管理和外部接口，共八大部分功能。具体功能间关系为：

（1）以碳交易项目登记储备管理功能为基础，统计登记集团公司所属企业碳交易项目相关信息，包括所属项目、减排规模、适用方法学等；

（2）以核算方法学管理功能为支撑，构建集团公司碳交易项目的价值发现体系，并对核算方法学内容不断优化调整；

（3）根据碳交易项目类型和品质差别，分经核证碳交易项目、中国自愿碳交易项目、可用于碳中和的自愿碳交易项目三类，进行碳交易项目价值发现，通过上缴、交易和注销三种情况实现碳交易项目价值；

（4）进入交易类型价值实现程序的碳交易项目，可采用外部交易和内部调配两种交易模式，实现企业内部碳资源的流通；

（5）通过价值发现管理与减排成本对比，帮助企业制定减排策略，合理分解集团公司总体减排目标，降低减排成本；

（6）通过对集团公司总体减排目标的分解和下达，对下属企业减排目标的完成情况进行过程管理和结果合规；

（7）以外部接口的方式对接交易系统、国家碳登记簿系统、其他环境权益平台等利益相关方；

（8）平台的管理功能和统计分析功能在辅助模块实现。

温室气体排放管理系统业务架构和功能架构如图 8-1 所示。

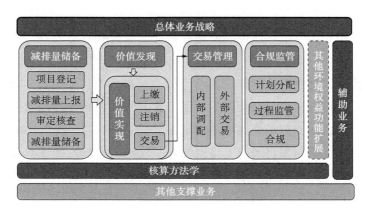

图 8-1　温室气体排放管理系统总体结构

温室气体排放的数据获取有两种方式：一是通过集团各企业的业务负责人员定期填报固定的表格，上传至核算系统；二是将核算系统嵌入集团各企业的现有系统的数据库，于每月固定时间自动获取相应的数据。

第二节　核算方法及监测手段

核算方法学管理包括核算方法学更新以及方法学使用管理两方面内容。核算方法学的主要作用在于规范碳交易项目的监测及计算，确保通过方法学得出的碳交易项目值准确保守，同时还起到对生产过程的管理和监测的规范指导作用。核算方法学编制应以服务企业生产运营为原则，在满足获取减排数据的前提下尽量简化，并且需要与生产变革以及技术更新相配合，因而需要不断更新或推出适用于新节能技术的新方法学。核算方法学的更新需要持续不断地进行。

平台建设初期，以现有可参照的国际碳交易项目计算标准为基础，筛选与集团公司生产运营相关的核算方法学，针对石油工业特点以及中国碳市场要求进行修改，使其既适用于集团公司项目，又具有一定的行业代表性，使集团公司的减排成果可核算并且能够被认可。方法学推出后，需要对方法学使用情况进行跟踪管理，对各子（分）公司实施减排项目分别应用了哪些方法学进行分类统计管理，同时收集应用方法学进行碳交易项目监测计算情况的反馈信息，针对统计结果和反馈信息定期对方法学进行修订、更新，使其更好地适用于石油工业。储备交易平台通过减排项目及其所用方法学备案功能，了解方法学使用情况。根据项目数量以及实际碳交易项目计算结果判断监测及计算方法的合理情况，同时开设方法学更新窗口收集方法学更新意见，定期评判是否需要进行方法学更新。拟修改或新增方法学通过平台进行公示，经相关技术标准部门或行业技术专家认证，上报集团公司批准后正式在集团公司内部使用。

对于可适用于国家温室气体自愿减排管理办法的方法学，要与国家相关部门沟通，争取获得国家批准，使相应方法学产生的减排效果可在国内碳市场交易，使减排效果产生经济效益。

核算方法学使用认证管理功能是在各子(分)公司进行项目备案减排项目时对其拟采用的方法学进行指导，使方法学得到更好的应用。各子(分)公司应在拟实施的减排项目建设之初在储备交易平台备案，简单介绍项目情况并说明拟采用的方法学，由平台管理人员进行审核，若选择的方法学与项目情况不符，备案不成功，管理人员与项目实施单位进行沟通，指导其更改所采用的方法学。随着平台建设，可根据方法学要求开发在线评估软件，项目备案同时输入相应条件自动判断方法学适用情况并估算碳交易项目，为实现碳交易项目事先规划调配提供基础。

针对石油化工集团公司普遍业务范围，建议首先引入天然气利用、天然气空放回收、工业减排、生物质能、林业碳汇、氧化亚氮分解、碳捕捉和碳封存七大类项目的核算方法学。

第九章 温室气体核算与排放披露小结

选择专业、准确的温室气体核算标准、指南是核算企业温室气体排放总量及构成的前提条件。根据温室气体核算标准、指南要求及计算方法，准确地计算企业的温室气体排放总量构成并分析企业碳减排潜力，在此基础上进行企业碳披露，体现企业社会责任，为气候变化贡献力量。

以石油工业温室气体核算的标准、指南为依托，来进行企业温室气体排放管理及信息化建设，实现对企业碳排放数据的系统化、智能化的管理。准确的碳排放数据是分析企业碳排放现状的前提，以此为企业碳资产管理打下坚实的基础。

企业做碳盘查的工作主要有三大好处：遵守国内外法规、减少成本、提升企业形象。企业碳排放管理软件是企业进行碳盘查以及对碳排放量进行分析管理的利器。当企业面临节能减排的压力和动力时，最重要的是具体的量化以及制定减少碳排放的措施。企业碳排放管理软件在帮助企业进行量化碳排放以及分析得出减排方案方面有着无可比拟的优势。

在国际油气企业温室气体核算及碳资产管理对标分析的基础上，中国的石油工业企业可参考以下原则：

（1）积极的碳披露战略，调动集团内部各业务单元，主动尽快参与披露，提升企业低碳环保的公共形象；

（2）应聘请专业的咨询机构，内部组织分工明确，采取合适方法学，准确计算和分析温室气体排放数据；

（3）按近期及中长期可逐步实现的阶段，制定清晰的减排战略和目标，总结减排方向及报告期的减排项目；

（4）重视供应链管理，范围3的碳排放披露作为报告的一部分，将是给企业绿色可持续发展加分的亮点；

（5）委托专业第三方对碳排放进行核证，避免碳披露数据与其他公开数据资料自相矛盾；

（6）对现有核算系统进行改进，包括数据的自动获取及上传，按地区及排放体量分类管理所属排放企业，以及补充适用于集团下属企业的中国温室气体排放核查与报告指南。

第三部分
碳资产管理

第十章　碳资产的演变与发展

第一节　碳资产的概念和特点

碳资产的最基本定义是指在各种碳交易机制下产生的，代表控排企业温室气体（GHG）许可排放量的碳配额，以及由温室气体减排项目产生，并经特定程序核证，可用以抵消控排企业实际排放量的减排证明。温室气体排放量具有资产属性的经济学原理是对经济外部性的修正，即通过政策和市场的手段提高经济活动中环境污染或资源使用的成本。2005年欧盟碳排放权交易体系（EU-ETS）启动，碳市场的出现使碳排放配额和碳减排信用具备了价值储存、流通和交易的功能，形成最初的"碳资产"。

随着全球气候治理与可持续发展，实施碳定价机制的国家和地区越来越多，出于对碳排放权益全面定价的普遍预期，企业开始为未来可能面对的环境成本进行相应的风险管理。与此同时，温室气体排放指标由于其同质性，也成为大型集团企业应对气候变化，实施可持续发展战略成果的重要衡量指标，被用于成本和风险管理及企业形象塑造。

因此，较广泛的"碳资产"定义包括交易机制下，具有流通性和市场价值的温室气体排放权益；碳税机制下，由于温室气体排放产生的成本；企业绿色形象价值形成的无形资产三个层面的含义。

碳资产作为一种环境资源资产，具有稀缺性、同质性；同时，在碳交易定价机制下，碳资产还具有商品属性和金融属性。

稀缺性：环境容量有限，超过环境承载能力的碳排放会造成各种环境问题，《京都议定书》要求"将大气中的温室气体含量稳定在一个适当的水平，进而防止剧烈的气候改变对人类造成伤害"，各承担减排任务的国家，根据IPCC的研究报告，设定了国家排放限额，并将此指标分解到各排放装置，这也是碳排放权益定价的科学基础。

同质性：温室气体不受地域影响，在世界各地的排放或减排对全球气候变化的影响是同质的，使其成为全球共同治理目标。

商品属性：碳资产可作为商品在不同的企业、国家或其他主体间进行买卖交易，因此可表现出其基础的商品属性。

金融属性：碳资产通过在碳交易市场融通，产生投资属性，同时碳期货、碳期权、碳掉期等金融工具可以实现金融风险管理功能。这些用于规避风险或者金融增值的交易性碳资产也表现出其金融属性特征。

第二节　国际碳定价机制

碳交易体系和碳税是当前国际两种常用的定价机制，两者互为补充。

一、碳交易体系

基于温室气体排放的特性及全球应对气候变化的温度控制目标，国际主要的碳交易体系设计基本参照以下原则：

（1）总量控制，根据控排目标设定一定时期内的排放量上限；

（2）关注重点排放源，选择排放量达到一定标准的排放设施或排放企业；

（3）配额测算以历史法为主对某些行业采用基准法，即根据历史排放和控排目标制订配额分配方案，对于电力或航空等行业采用基准法；

（4）配额分配以免费为主，设置一定的配额拍卖比例；

（5）允许一定的变通机制，例如《京都议定书》中的清洁发展机制（CDM）；

（6）交易方式以期货为主，有匹配的碳金融产品，支持企业进行碳资产的盘活或保值增值；

（7）以履约期作为衡量企业减排义务的时间节点，履约期一般为一年或几年，履约期之间设有配额结转、按比例折算、回收等延续机制；

（8）不能履约的企业需承担一定的罚则，一般高于履约成本，确保市场机制有效。

在实际运行过程中，欧盟碳排放权交易体系作为目前交易规模最大最活跃的交易体系，还具有以下特点：

（1）市场参与主体广泛。既包括政府主导的碳基金、私人企业、交易所，也包括国际组织、商业银行和投资银行等金融机构，甚至还包括个人投资者。

（2）"碳金融"产品种类多样化，从场外交易到场内交易，从现货交易到衍生品交易。同时，各类政府性碳基金或机构性碳基金也积极参与。

（3）初始市场交易活跃，但市场波动较大。欧盟交易体系自2005年开始运行后，至2013年达到高峰，全球交易额达1263亿美元左右，涨幅惊人，后受全球经济影响，市场一度非常低迷，近年来受绿色经济兴起的影响，碳市场开始回暖，2018年配额价格从4欧元涨至20欧元以上。

（4）市场机制建设相对完善。欧盟碳排放权交易体系自 2005 年就开始试运行，已经历了试验阶段和《京都议定书》阶段，自 2013 年 1 月 1 日步入了第三阶段。前两个阶段的发展为第三阶段的运行提供了不少经验，欧盟委员会也不断进行机制创新，"拯救"欧盟碳交易市场。

二、碳税机制

碳税即对温室气体排放征税，一般而言，从效率角度出发，碳交易体系更适合于大的排放主体，而小的排放主体更适合采取碳税的方式进行规制。针对不同行业、不同排放源、不同规模的主体适用不同的政策，可以确保碳定价机制覆盖到所有的排放主体，同时又避免造成同一主体的负担过重。

在欧洲，欧盟碳排放权交易体系（EU-ETS）覆盖了电力部门和大工业部门，而碳税则覆盖了来自汽车燃料、居民部门和小工业部门等非 ETS 排放部门——这些部门贡献了欧洲 55% 的二氧化碳排放量。碳税和碳交易也有同时覆盖同一部门的，比如挪威，针对一些高排放部门，为了更好实现减排目标，在将其覆盖进碳交易体系的同时也对其保持征收碳税。

碳税与碳交易体系互为补充，体现在价格机制上，碳税是一种价格调控手段，可以为碳排放规定固定的价格，而碳交易体系则是一种数量调控工具，通过确定排放总量，由市场交易机制自行决定碳排放权的价格，最终形成的价格是浮动的。社会经济发生较大变化时，碳交易体系可能面临失效；而碳税可以将碳价固定在社会合理水平，避免因为碳交易价过低而造成减排政策无效。

第十一章 碳资产管理的内涵和范围

第一节 碳资产管理的基本内容

碳资产的最基本定义是指在各种碳交易机制下产生的,代表控排企业温室气体(GHG)许可排放量的碳配额,以及由温室气体减排项目产生,并经特定程序核证,可用以抵消控排企业实际排放量的减排证明。如图 11-1 所示,基于对碳资产定义及碳定价机制的研究,有效的碳资产管理则需要包括以下三个层次的内容:

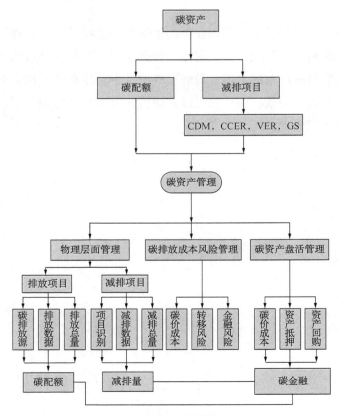

图 11-1 碳资产管理的主要内容

（1）对物理层面的碳排放的管理。包括对碳排放源、排放种类，碳排放数据的统计分析；排放目标确定、减排措施识别，以及实施计划的制定、执行等。

（2）对碳排放成本的风险管理。主要是碳排放超过预期形成的成本分析，包括基于碳价格的超排成本分析，适当的财务监督和应对机制；运用何种管理机制或金融手段（投资减排项目或出资购买配额）控制并转移风险；以及基于同行业对标或公众预期的商业声誉风险管理等。

（3）对碳资产盘活，保值增值的碳金融管理。以良好碳金融市场环境为基础，包括积极参与碳交易，碳资产质押（抵押）贷款、碳资产售出回购，碳债券及碳资产证券化（ABS）等碳金融工具的使用。

企业进行碳资产管理的根本动力是为应对碳定价机制产生的成本压力及资金风险，或基于碳定价预期实施的主动应对管理。同时在此基础之上，顺应绿色发展趋势，识别新的战略机遇。

依据安德鲁·霍夫曼在《碳战略》中提出的气候战略理论，企业的碳资产管理需要包括以下三个部分和八个具体步骤（图 11-2）：

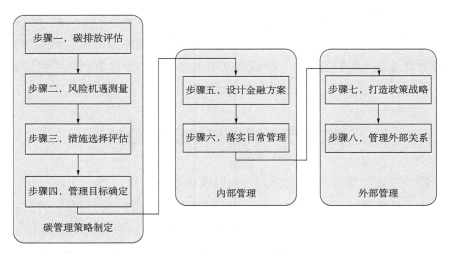

图 11-2　企业碳资产管理的主要步骤

（1）碳管理策略制定。

步骤一，碳排放评估：对温室气体排放源、排放种类、排放量进行盘查，从体系与技术上对碳排放进行检测。

步骤二，风险机遇测量：对由碳排放、产品排放强度产生的风险进行识别，对因碳排放对企业产品造成的影响进行评估，对因碳排放带给企业的风险与机遇进行识别。

步骤三，措施选择评估：考虑不同碳管理措施的可能性，将碳管理措施与因碳排放带给企业的机遇建立联系，实施更进一步的管理措施。

步骤四，管理目标确定：识别建立碳管理目标的原因，确定短期与中长期管理目标，将管理目标与节能减排和企业发展建立联系，结合企业发展规划设定可达到的管理目标。

（2）内部管理。

步骤五，设计金融方案：利用金融工具支持减排，考虑企业内外部因素在利用金融手段进行减排时的影响，考虑不同金融手段给企业带来的利弊。

步骤六，落实日常管理：确定从企业基层职工到企业中层管理者再到企业高层决策者对气候变化与节能减排的管理机制。

（3）外部管理。

步骤七，打造政策战略：对相关政策或其他外部因素对企业的影响进行评估，考虑对地方、国家甚至国际相关政策的最优影响方式。

步骤八，管理外部关系：对企业重要的外部组织机构进行系统管理，确定相应管理措施。

可见，碳资产管理和企业经营发展管理密切相关，是以碳为契机，将生产经营、节能增效以及相应的财务管理、金融策略、政府关系管理、公共关系管理等紧密联系起来的一项系统性工作。也可以说碳资产管理是贯穿企业经营管理各环节的一个概念，因此企业碳资产管理体系需要与企业经营发展策略相匹配，同时与各相关部门工作流程建立联系，使碳资产管理的理念融入各相关环节，形成清晰的工作机制，使碳管理体系更好服务于企业整体发展。

第二节　碳价影响因素分析

如上所述，有效的碳资产管理包含三个层次内容，一般按照三个部分、八个步骤展开。目前各大石油集团已经采取各种措施开展物理层面的碳排放管理及碳排放成本的风险管理，但是对第三层面的碳资产盘活，认识还有欠缺。如何以良好的金融市场环境为基础，积极开展碳交易，实现碳资产盘活及保值增值？书中重点分析了碳价的影响因素。影响碳价的因素可分为长期因素、中期因素和短期因素。

（1）长期影响因素。

碳市场是一个政府创造出来的市场，市场的供需是政府通过一定的配额分配规则决定。如果政府决定要比基准年份减少更多的温室气体，将直接导致配额发放减少，进而推动碳价上升。在现实中，美国的 RGGI 为了提振低迷的碳价，直接将企业的配额削减了45%，相当于对企业提出了更高的减排目标，直接推动碳价上扬。而全球最大的碳市场 EU-ETS 在 2013 年也进行推迟配额拍卖的改革，减少市场配额数量，提振碳价。

国际谈判有一句话，"气候问题归根结底是发展问题"，说的是在不同的经济体之间经济越发达排放越多，限制排放就是限制发展，尤其是对发展中国家不公平。这个道理对于同一个经济体的不同时间段同样成立，经济形势变好则生产加大，能耗变多，对配额的需求增加，导致价格上升，反之亦然。欧盟在 2008 年的经济危机后出现经济衰退，大量的公司倒闭，工人失业，直接导致了能源需求的下降，使得碳价从每吨二十多欧元下跌到只有两三欧元。

（2）中期影响因素。

配额总量的设定对于一个稳定有效的碳市场至关重要，配额如何分配，将直接影响企业自身的经营成本和参与碳市场的积极性。如果排放总量目标约束较弱，造成排放配额过度发放，容易导致碳价低迷甚至崩溃。以 2013 年世界第十大经济体美国加利福尼亚州为例，2013 年把向排污者免费发放的排放配额增加三分之一，以大力推动这一新兴市场发展，使该州的碳价格应声暴跌至年内最低水平。

合理的碳排放配额储备制度是政府调控碳市场的重要工具，通过储备配额的买入与卖出可以防止碳价的剧烈波动，为市场提供稳定的碳价格信号。此外，配额储备还可以用来满足新建工厂的配额需求。

合理的碳排放价格"阈值"与干预制度可以在碳价低于最低限价或高于最高限价时，发挥重要作用。在碳价低于最低限价时，政府进行干预，通过购买配额进行储备来提振碳价；在碳价高于最高限价时，政府则卖出配额来平抑碳价，从而使碳价维持在合理、稳定的水平，发挥碳价对碳产品投资与技术研发的引导作用。

国家层面研究制定了碳排放权交易市场总体设计方案，编制了全国碳排放权配额总量设定与分配方案，并已获国务院批准。目前配额免费分配将采用基准线和历史强度下降法两种方法，以前者为主。基准值通常设置在代表行业先进水平的一端，达到此排放水平的企业可以获得足够的配额，否则会面临配额不足的压力，借此引导企业降低碳排放强度。

（3）短期影响因素。

当政府制定的抵消政策，低价的产品（CCER、碳汇等）允许大量用于抵消时，配额价格走低。相反可用于抵消配额的低价产品比例较少，配额价格相对较高，企业减排成本相对增加。

市场投机与热钱等因素，这方面就和传统的股票证券交易市场一样。市场上存在大量的投资者，他们一方面起到了加大流动性活跃市场的作用，另一方面其逐利的天性也使得他们自觉或不自觉地进行投机，造成价格波动。

能源价格和天气变化也会影响碳价。人们在取暖上耗费了大量的能源，因此，如果出现一个暖冬将大大减少用于取暖的燃料以及电力，相应的排放也将减少，而碳价也就随之下跌；反之，一个异常寒冷的冬天也就极有可能意味着碳价的上扬了。

天然气比煤炭清洁，风能、太阳能更是零排放，但清洁能源的高价格阻碍了我们大量的使用它们。因此，当能源的相对价格出现变化，往往就会导致能源使用的变化，从而推动碳价的变化。还是以 RGGI 为例，当年美国在本土实现页岩气的大规模开采，大大降低了页岩气(天然气)的价格，从而使得大量的发电公司弃煤用气，其排放远远小于制度设计时的预期，导致了价格的大幅下跌。

第三节　配额分配方法分析

全国碳市场对控排企业的配额分配以历史强度下降法和基准法为主。在全国碳市场启动初期，配额分配方法的选取将偏向保守，且有很大可能会基于实物产出量对配额分配进行适当调整。因此，企业配额缺口或盈余不至于过大。但随着碳市场的逐渐成熟，配额分配将趋向于实行配额有偿拍卖、实行更严格的分配方法的方向过渡。随着交易体系日趋完善，购买配额缺口的费用主要取决于配额价格。配额分配方法直接影响企业碳履约成本。

基于石油行业特殊性，行业存在产品种类多等特点，为了帮助行业建立产品碳排放基准值，为后续配额分配提供理论支撑，石化联合会设立了领导小组、专家咨询组和工作团队，主要依托石油和化工行业能效"领跑者"发布工作团队和重点产品能耗限额国家标准制定修订工作团队，并吸收碳排放、标准、计量等领域专家，已确定炼油、乙烯、芳烃、精对苯二甲酸、乙二醇等 23 种产品作为基准值研究对象，制定了 18~20 个重点产品碳排放基准值研究报告。

一、石油行业配额分配方案(讨论稿)分析

(一)原油加工企业(行业/产品代码：2501)

覆盖范围：以原有加工为主营业务的企业法人或者独立核算单位的所有炼油装置化石燃料燃烧、电力消费和热力消费所对应的二氧化碳排放。

分配方法：采用基准法。

计算公式见式(11-1)。

$$A = \sum_{i=1}^{N} (B_i \times F_e \times Q_i \times F_p) \tag{11-1}$$

式中　A——企业二氧化碳配额总量，吨 CO_2；

B_i——炼油装置二氧化碳排放基准，吨(CO_2)/[吨(原油)×能量因数]；

F_e——能量因数；

Q_i——原油产量，吨；

F_p——省级调整系数；

N——炼油装置总数。

计算公式参数取值见表11-1。

表11-1　原油加工企业基准值

参数名称		计算参考值	备　注
B_i	既有装置	0.014 吨(CO_2)/[吨(原油)×能量因数]	仅为试算基准，正式值另行发布
	新增装置	0.012 吨(CO_2)/[吨(原油)×能量因数]	仅为试算基准，正式值另行发布
F_p		≤1	省级主管部门确定

（二）乙烯生产企业（行业/产品代码：2602010201）

覆盖范围：以乙烯生产为主营业务的企业法人或者独立核算单位的所有乙烯装置化石燃料燃烧，能源作为原材料用途、电力消费和热力消费所对应的二氧化碳排放。

分配方法：采用基准法。

计算公式见式（11-2）。

$$A = \sum_{i=1}^{N} (B_i \times Q_i \times F_p)$$　　　　（11-2）

式中　A——企业二氧化碳配额总量，吨 CO_2；

B_i——乙烯装置二氧化碳排放基准，吨(CO_2)/吨(乙烯)；

Q_i——乙烯产量，吨；

F_p——省级调整系数；

N——乙烯装置总数。

计算公式参数取值见表11-2。

表11-2　乙烯生产企业基准值

参数名称		计算参考值	备　注
B_i	既有装置	1.385 吨(CO_2)/吨(乙烯)	仅为试算基准，正式值另行发布
	新增装置	1.278 吨(CO_2)/吨(乙烯)	仅为试算基准，正式值另行发布
F_p		≤1	省级主管部门确定

（三）电力生产企业（行业/产品代码：4411、4420）

电力生产企业配额分配计算方法如式（11-3）所示。

配额分配总量＝供电配额总量＋供热配额总量　　　　（11-3）

（1）供电配额计算方法如式（11-4）所示。

供电配额总量＝供电量×排放基准×冷却方式修正系数×

供热量修正系数×燃料热值修正系数　　　　（11-4）

电力行业11个类型的排放基准线值如表11-3所示。

表 11-3　不同装机容量配额分配基准值

划分基准	配额分配基准值 [吨(CO_2)/(兆瓦·时)]	划分基准	配额分配基准值 [吨(CO_2)/(兆瓦·时)]
超超临界 1000 兆瓦机组	0.8066	高压超高压 300 兆瓦以下机组	1.0177
超超临界 600 兆瓦机组	0.8267	循环流化床 IGCC 300 兆瓦及以上机组	0.9565
超临界 600 兆瓦机组	0.861	循环流化床 IGCC 300 兆瓦以下机组	1.1597
超临界 300 兆瓦机组	0.8748	燃气 F 级以上机组	0.3795
亚临界 600 兆瓦机组	0.8928	燃气 F 级以下机组	0.5192
亚临界 300 兆瓦机组	0.9266		

供热量修正系数：燃煤电厂为 1-0.25×供热比，燃气电厂为 1-0.6×供热比。

冷却方式修正系数：水冷却为 1，空气冷却为 1.05。

燃料热值修正系数：只存在于流化床 IGCC 机组的情况，其他机组可以默认为 1 或者认为没有这系数。对于流化床 IGCC 机组，低于 3000 大卡的取 1.03，高于 3000 大卡的取 1。

（2）供热配额计算方法如式（11-5）所示。

$$供热配额 = 供热量 × 供热基准值 \qquad (11-5)$$

其中，供热基准值所有燃煤机组为 0.1118 吨（CO_2）/吉焦，所有燃气机组的值为 0.0602 吨（CO_2）/吉焦。

（3）配额分配时以 2015 年的产量为基准，初始分配 70% 的配额，实际配额待核算出实际产量以后多退少补。

目前国家未发布正式的石油行业配额分配方案，目前讨论稿也未正式向外界发布。讨论稿中涉及原油加工和乙烯生产两个子行业，均为基准法。目前外发布的电力行业配额分配方案也是讨论稿，该行业采用的方法为基准法。

二、石油行业配额分配模拟及试算——案例说明

本节将以案例说明配额的分配算法。例如位于北京的某炼油厂 2017 年原油加工量为 300 万吨，炼油能量因数为 8。2017 年按照补充表核算的企业或设施层面二氧化碳排放总量为 35 万吨。

2018 年政府按基准法给该炼油厂发放配额，基准值为 0.014 吨（CO_2）/[吨（原油）×能量因数]，省里调整系数为 0.98。故 2017 年炼油厂获得的配额总量为：300 万吨×0.014×8×0.98 = 32.928 万吨 CO_2。故该炼油厂，需要外购配额量为 35 - 32.928 = 2.072 万吨。

　　按着北京市碳排放权抵消管理办法的要求，重点排放单位用于抵消的经审定的碳减排量不高于其当年核发碳排放配额量的 5%，故该企业可用 32.928 万吨×5% = 1.6464 万吨 CCER 来抵扣配额，需外购配额量为 2.072 万吨−1.6464 万吨 = 0.4256 万吨。

　　配额价格按 60 元/吨计算，CCER 按 10 元/吨计算，该炼油厂采用 CCER 置换的方式比纯外购配额方式，年均节省 1.6464 万吨×(60 元/吨−10 元/吨) = 82.32 万元。

第十二章 企业碳资产管理现状

第一节 国际石油公司低碳发展战略及碳交易实践

国际石油公司，大多是最早期就参与到欧盟碳交易体系，并持续受到碳定价机制约束的企业，因此非常注重碳资产管理体系的完善和创新，而碳资产管理也融入了企业经营管理的各个环节。尽管体现方式不同，跨国石油公司的碳资产管理行动都涵盖了碳盘查、碳减排解决方案（包括技术和金融方案）、信息公开（企业形象塑造）、碳交易和碳金融工具使用、政策影响等方面。欧美发达国家的大型油气企业，在低碳管理方面的研究较为成熟，都已建立了完善的低碳管理体系，建立了温室气体核算与报告系统，从而可以实时监测企业内部碳排放状况，积极参与碳排放权交易，努力主导行业低碳规则与相关标准形成。

以下仍以 BP 公司、壳牌公司、道达尔公司、埃克森美孚公司及雪佛龙公司为例，调研分析国际企业低碳发展战略、碳资产管理情况，同时对比分析中国石油、中国石化、中国海油的碳资产管理现状。

一、英国石油公司（BP 公司）碳资产管理现状

（一）低碳发展战略

BP 公司积极参与应对气候变化及低碳项目，致力于提高能源使用效率，减少温室气体排放，积极拓展低碳能源业务。BP 公司在低碳发展方面的战略主要有以下三个方面：

（1）减少过程工艺中的温室气体排放。

BP 公司预期在 2025 年前实现所有生产工程中温室气体排放的零增长，同时，实现 3.5 百万吨的年温室气体减排量，甲烷排放强度降低在 0.3% 以下。

（2）升级低碳产品。

升级更加环保低碳的产品，包括供应更多的天然气，生产更多高效节能的燃料油、润滑油及下游化工品。

（3）投资低碳未来。

不断拓展低碳和可再生能源业务，积极发展陆上及海上风电、生物燃料、氢燃料及充电桩的研发或生产，每年为低碳项目的发展提供 5 亿欧元的投资。

作为世界上大型石油、天然气和石化集团之一，英国石油公司（BP 公司）更愿意把节能减排、环境保护方面看作是一个机遇。

BP 公司目前定位自身是一家综合性的能源服务公司，即"超越石油"（Beyond Petroleum）。这不仅体现在把分布于美国、德国、比利时等 190 多个国家和地区的公司的业务整合上，而且体现在致力于各个业务领域所做的"不断超越"上，包括提供的能源产品、如何对待企业的责任、如何与客户打交道，以充分挖掘潜力，提高包括上下游、销售等整个企业现有产业链上的能效，实现自我超越。

目前为止，为了实现上述目标，BP 公司主要从碳减排和碳核证项目入手。

通过碳减排及交易，可以将温室气体排放量的减少用于补偿其他项目或业务的排放。BP 公司在开发碳减排项目方面处于国际领先地位。这些碳减排量主要来自对减少温室气体排放或吸收二氧化碳（CO_2）的活动进行投资，包括可再生能源项目（如风电、生物燃料）、节能炉灶取代明火、保护或加强从大气中吸收二氧化碳的自然资源的项目（例如土地和森林等）。利用碳补偿的机制，BP 公司计划抵消超出 2015 年可持续减排活动范围的运营碳排放增长，这意味着到 2025 年，即使 BP 公司的生产进一步增长，他们的碳足迹（碳排放）也不会净增加。

（二）碳资产管理体系

作为一家全球化公司，BP 公司的资产在全球多个地方都处于政府碳减排政策的控制下，因此 BP 公司在碳排放控制和碳资产管理方面也有客观的需求。企业层面，每家实体企业都有一个碳排放工作组和管理委员会，由政策法规、合规、策略、交易、财税、采购、销售、法律、宣传和系统建设方面的成员组成。企业具体负责温室气体的监测、报告、核查（MRV）和企业所在区域碳排放控制履约。MRV 是一个全年的活动，它需要 BP 公司下属企业内部的监测计划，另外其监测计划必须在主要的合规性周期的时限内予以考虑。做好 MRV 是 BP 公司下属企业顺利完成履约责任、对生产量及未来排放量进行正确预测以及制定碳交易策略的基础，且不同的履约机制会有不同的 MRV 要求。BP 公司每年需要在工厂层面做碳排放计划，实时监测后提交第三方机构审核，再提交政府主管机关核查。主管机关认为碳排放合格后，BP 公司下属企业提交配额；如超出配额以后，就需要在市场上购买或者内部调配配额。

集团层面，集团总部可在碳减排解决方案、新技术及新合作模式、全球碳减排交易、安全及操作风险四大方面为 BP 公司下属企业提供支持服务，其中综合供应和交易部门对 BP 公司全球的碳资产价格变动风险进行管理。同时，综合供应和交易部门下还设立全球排放的交易部门，目标以最小限度地降低 BP 公司合规的成本并且通过这种优化来最大限度地提高综合供应和交易部门的收入。全球排放的交易部门分布于伦敦、新加坡和休斯敦，可以覆盖 BP 公司内履约企业的全球范围的交易需求，并对碳资产风险进行集中管理和屏蔽。在 BP 公司强大的品牌和资源优势下，全球排放的交易部门也对 BP 公司客户及其他第三方提供碳资产风险管理服务，进一步完善了 BP 公司对客户的服务承诺。对于 BP 公司的下属企业而言，配额只是满足履约需求，配额在履约时交给企业，在此之前可以交给交易部门，该部门负责买卖的盈亏。下属企业在履约前跟综合供应和交易部门购买无风险合格碳排放额度，综合供应和交易部门从市场购买抵消额度，承接所有风险以获取差价。因此，企业的价值在于获取无价格风险的配额和合规替代额度之间的差价；综合供应和交易部门的价值在于 BP 公司是否承接碳市场风险的差价。同时，不同地区的碳排放政策变化和碳交易产品变化，也可以为 BP 公司带来套利的机会。BP 公司碳管理体系如图 12-1 所示。

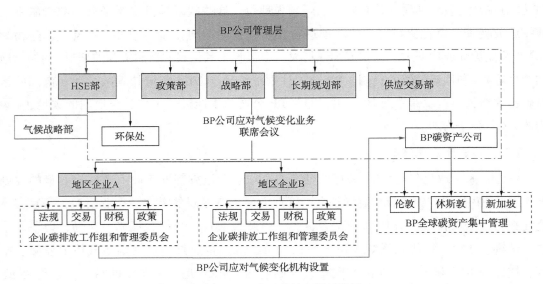

图 12-1　BP 公司碳管理体系设计

（三）碳交易实践

BP 公司积极参与 EU-ETS、美国加利福尼亚州以及新西兰的碳交易市场，并在内部的大型项目投资决策和设计中，引入了内部碳价作为额外需要考虑的成本/收益，其中在工业化国家，内部碳价为 40 美元/吨 CO_2 当量，在某些重要项目的投资上，甚至考虑到了 80 美元/吨 CO_2 当量。图 12-2 为 BP 公司披露的成熟碳交易市场的交易量。

BP 公司预测，在接下来的五年里，集团的总碳排放可能会有年度波动，但随着 BP 公司在更具技术挑战性和能源密集型领域开展的工作，上游业务的温室气体排放可能会继续增加，而现有油气资产的产量下降，从而需要更多能源，而这也会推高温室气体排放。另一方面，由于能效的继续提升，下游业务中的炼油及化工板块的温室气体排放将保持相对平稳或下降。

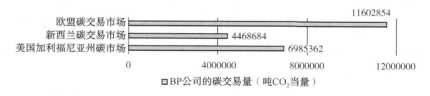

图 12-2　BP 公司的碳交易量

二、壳牌石油公司碳资产管理现状

（一）低碳发展战略

作为一家石油天然气公司，壳牌公司以长期可持续的发展作为战略方向，投入大量人力及资本预测未来社会需要的能源和燃料类型，并调整业务方向，保持商业竞争力和环境适应性。壳牌公司自 2001 年起，一直支持欧盟碳排放权交易体系（EU-ETS），同时还是世界最大的生物燃料生产商。除了在欧洲的三个风电项目外，壳牌公司在北美还有 8 个风电项目。

壳牌公司的低碳战略主要有以下几个方面：

（1）积极发展天然气。

天然气作为最洁净的化石燃料，占据了 1/4 的壳牌公司油气当量的总产量。作为一种重要的低碳能源，相比煤炭和石油，天然气可以提供相应的能量，却排放很少的温室气体。壳牌公司积极开发在非洲尼日尔的天然气田，同时，在澳大利亚的昆士兰州，投资了约 340 口气井，还有相应的 LNG 厂。

（2）碳捕集及储存（CCS）。

壳牌公司积极投资碳捕集及储存项目，以将 CO_2 贮藏在地下深处，防止逸散至大气中。2017 年，壳牌公司成功在加拿大的 Quest CCS 项目上，实现了 100 万吨 CO_2 的地下储藏。根据国际能源署及油气行业气候倡议组织（OGCI）的预测，CCS 将作为最有效的应对气候变化的手段之一。

（3）寻找低碳能源。

壳牌公司积极投资开发可再生能源，包括生物燃料、陆上/海上风电、太阳能发电、氢能等可再生能源。壳牌公司与加拿大 Iogen 能源公司合作研究纤维乙醇的生产，并积极开发海藻生产生物柴油，以及用强效酶改善生物燃料，通过与巴西科桑公司的 Razen 合资企业，对低碳生物燃料进行了大量投资，并继续探索第二代生物燃料的选择。壳牌公司发展陆上及海上风电有 10 余年之久，目前其风电总装机容量为 1100 兆瓦，包括欧洲、美洲的陆上及海上风电。壳牌公司在美国积极并购 900 兆瓦的太阳能发电资产，同时在非洲投资了 SolarNow，提供户用光伏系统给东非的家庭及企业。在下一代清洁燃料氢能上，壳牌公司与同济大学、中国科技部合作为上海的第一座加氢站提供了技术咨询和资金。同时，壳牌公司也在纽约修建了一座加氢站。壳牌公司是第一家在三个主要氢市场(欧洲、日本、北美)修建示范性加氢站的能源公司。

（4）提高能源利用效率。

提高能效能节省大量的能源，这也将减少企业的碳排放。壳牌公司也在生产环节中侧重于不断提升能效，减少能源浪费。同时，研究生产更先进的润滑油，减少引擎及机器摩擦消耗的能量。

壳牌公司定期会更新战略规划，其不限于指导当前投资的计划和长期的战略决策。壳牌公司热衷于站在新能源发展的前沿，其中包括开发更清洁和可替代的能源技术。

（二）碳交易实践

壳牌公司主要参与了 EU-ETS 及加拿大的碳交易市场，同 BP 公司一样，壳牌公司也在内部的大型项目投资决策中，引入了内部碳价作为额外需要考虑的成本/收益，内部碳价为 40 美元/吨 CO_2 当量。不同的是，壳牌公司在现有资产的绩效评价中，也使用了这一碳价来评价运营资产的温室气体概况以及绩效改进方案。图 12-3 为壳牌公司披露的成熟碳交易市场的交易量。

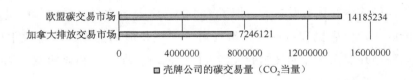

图 12-3　壳牌公司的碳交易量

三、道达尔石油公司碳资产管理现状

（一）低碳发展战略

道达尔公司的低碳发展方向是为尽可能多的人提供可负担、可靠及清洁能源，顺应国际能源署的 2℃ 情景，以及世界能源结构转型。其低碳战略主要有以下几个方面：

（1）降低排放强度。

天然气是一种广泛存在的资源，也是最清洁的化石能源，这使得它成为可以解决气候变化并满足国际能源需求的最佳解决方案。目前，道达尔公司的天然气产量已经接近集团能源总产量的 50%，这一比例还会不断提高。对于天然气中甲烷的温室效应，道达尔公司已采取行动，如对员工进行培训，以便更有效地进行甲烷检测和减排。此外，还加入了气候与清洁空气联盟（CCAC），推动对甲烷进行更有效的检测、减排和报告。

道达尔公司努力加大在碳捕集、再利用和封存技术研发上的投入，2010 年至 2013 年，通过在法国西南部的拉克（Lacq）气田开展试点项目，并已获得了相关专业技术，尤其是如何设计碳封存审批流程的经验。

（2）寻找低碳能源。

道达尔公司的可再生能源战略主要围绕太阳能、储能和生物燃料展开，即通过 Total Solar 和集团控股子公司 SunPower 发展太阳能业务，通过帅福得（Saft）发展储能技术，同时关注新一代生物燃料。2011 年，道达尔公司收购了 SunPower 公司，近期又创建了 Total Solar，通过加大投入并部署新的产能，不断提升技术效能。SunPower 太阳能组件效率达22.8%，居行业领先地位。

截至目前，道达尔公司已在全球范围内，持有 2000 兆瓦的可再生能源资产。

（3）提高能源利用效率。

在能源利用效率方面，道达尔公司主要通过持续降低能耗和减少排放实现运营效率的提升。在提高能效和降低火炬气方面，道达尔公司不断提升管理要求。道达尔公司已经在遍布全球的数十家生产厂和 5000 座加油站安装了太阳能电池板。仅在加油站安装的太阳能电池板的发电容量就可达 20 万千瓦，每年可减少 10 万吨碳排放。

此外，道达尔公司通过产品和服务，鼓励客户更加负责任地使用能源。消费者每减少 1% 的能源使用，就相当于道达尔公司在生产环节减少 10% 的能源使用。2016年，通过扩展"道达尔生态解决方案"标签的产品和服务范围，道达尔公司实现减少175 万吨碳排放。

（二）碳交易实践

道达尔公司主要参与了 EU-ETS 碳交易市场，在 2016 年，道达尔公司实现了市场内的交易减排量为 2000 万吨 CO_2 当量。

同 BP 公司及壳牌公司一样，道达尔也在内部的大型项目投资决策中，引入了内部碳价作为额外需要考虑的成本/收益，2008 年的内部碳价被定成了 25 美元/吨 CO_2 当量。从2016 年开始，根据项目的边界条件和市场环境，内部碳价的范围是在 30～40 美元/吨 CO_2当量。不同的是，道达尔公司在现有资产的绩效评价中，也使用了这一碳价来评价运营资产的温室气体概况以及绩效改进方案。

道达尔公司重视未来可能征收的碳税对其业务经营的不利影响，其采用碳捕集及储存来减少二氧化碳的直接排放，并已在法国西南部的拉克（Lacq）气田开展试点项目。道达尔公司未设定 5 年减排目标，其中长期目标是在 2035 年前，将低碳业务在自身能源生产结构中的占比提高至近 20%，通过其减排价值加快实现目标。

四、埃克森美孚公司

（一）低碳发展战略

埃克森美孚公司的战略是短期能增加能效，近期或中期内实施被证明有效的减排技术，长期寻求突破性的发展模式。其低碳战略主要有以下几个方面：

（1）减少作业中的排放。

埃克森美孚公司认为在生产作业中，重视火炬气减排，电力或蒸汽的热电联供使用以提高能效是温室气体减排的关键手段。在近期，埃克森美孚公司重视提高能源利用效率，减少火炬气、气体放空及其他过程排放；在中期，积极开发热电联产及碳捕集存储项目，在长期目标上，致力于研发及投资突破性的能源技术。

（2）开发新技术方案。

埃克森美孚公司认为，新技术将是实现更低温室气体排放的基础，其中能源利用和生产领域的新技术，需要满足经济性、可大规模量产及可信赖的条件。除了室内研究并与其他企业合作外，公司还与斯坦福大学等院校和政府研究机构达成合作伙伴关系。研究内容涵盖广阔的前沿技术，如 CCS、氢产品、生物多样性以及海藻生物能等。

从 2000 年以来，埃克森美孚公司已投入了超过 90 亿美元在开发新技术方案减排上。

（3）积极参与气候变化政策制定。

由于在早期气候变化中站在对立阵营，饱受舆论和社会的批评，埃克森美孚公司目前采取了更积极的态度。相对碳总量和交易方案而言，埃克森美孚公司更加支持碳税政策。埃克森美孚公司资助的机构包括 $CO_2ReMoVe$、美国能源部的区域碳封存合作计划、IEA 的温室气体研发计划和墨西哥湾的碳中心。

（二）碳交易实践

埃克森美孚公司主要参与了 EU-ETS、美国加利福尼亚州、新西兰及加拿大的碳交易市场，其在新西兰及欧盟交易活跃，在美国本土交易量不活跃，这与其早期参与规则制定，获利于其政策影响力，取得超额的免费排放配额有一定关系。图 12-4 为埃克森美孚公司的碳交易量。

作为外资石油企业的保守力量代表，埃克森美孚公司未设立近期及中长期目标，只发布了部署的技术研发方向。在近期，埃克森美孚公司侧重提高能源效率，同时减少火炬燃烧及无组织排放。从中期看，在技术和经济可行的前提下，埃克森美孚公司将部署经过验证的技术，如热电联产、碳捕集和储存。埃克森美孚公司已经花费了大约 80 亿美元开发低碳能源解决方案。

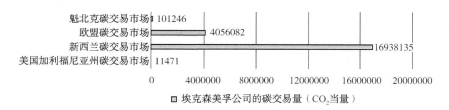

图12-4　埃克森美孚公司的碳交易量

五、雪佛龙公司碳资产管理现状

（一）低碳发展战略

雪佛龙公司的温室气体管理策略是，短期内采取相应的缓解措施，长期内开发先进的能源技术，针对气候变化的风险作出调整。

（1）提高能源效率。

雪佛龙公司致力于在生产作业中提高能源利用效率，开发了雪佛龙公司能源指数，来监测自身的能源使用绩效，并已经实现了34%的提升。雪佛龙公司大量投入在热电联产、设备节能技改以及建筑节能上，并希望以此来减少公司的整体碳排放。

（2）温室气体管理。

雪佛龙公司关于应对气候变化的公共政策制定提出了七项原则，分别为全球参与、能源安全、最大化节约、灵活可行、广泛公平、应用科技、透明。雪佛龙公司积极投资减少火炬气燃烧排放及甲烷的无组织排放。

同时，雪佛龙公司参加了众多的碳捕集与封存研究项目，包括 CO_2 捕集项目，IEA Weyburn CO_2 监测与封存项目、麻省理工碳封存项目、墨西哥湾碳中心项目、美能源部区域合作伙伴 West Carb 项目、得克萨斯州大学碳封存协会、艾伯塔盐水层项目及澳大利亚的全球碳捕集与封存项目。

（3）发展可再生能源。

雪佛龙公司积极发展众多可再生能源，包括太阳能、风能、地热能、生物燃料及生物柴油，包括在加利福尼亚州投资了73兆瓦的太阳能发电项目，Casper 的16.5兆瓦风电场、加利福尼亚州49兆瓦的地热电站，并在2017年在所有加利福尼亚州的加油站实现生物柴油20%的掺加。

（4）气候变化战略。

雪佛龙公司既不赞成碳税，也不支持碳总量与交易体系。公司在气候变化问题上已建立了一整套"应对气候变化七项原则"，其中包括全球能源的安全性和节能。

（二）碳交易实践

雪佛龙公司主要参与了美国加利福尼亚州及加拿大魁北克的碳交易市场，其在加拿大交易活跃，在美国本土交易量不活跃，这与埃克森美孚公司一样，早期参与规则制定，获利于其政策影响力，取得了超额的免费排放配额。图 12-5 为雪佛龙公司的碳交易量。

图 12-5　雪佛龙公司的碳交易量

雪佛龙公司既不赞成碳税，也未设定五年的近期减排目标。公司在气候变化问题上建立了一套内部"应对气候变化七项原则"，其中包括全球能源的安全性和节能。其温室气体管理策略是，短期内采取相应的缓解措施，长期内开发先进的能源技术，针对气候变化的风险作出调整。

六、对标分析

通过以上五家跨国石油公司的低碳举措，他们开展碳资产管理主要包括以下几个方面：

（1）在生产运营中提高能源利用效率并减少碳排放。

BP 公司将温室气体排放管理作为其运营管理体系的一部分，要求每个运营部门评估自身的温室气体排放表现，并将最佳方法和新技术应用到业务运营中。2010 年至 2016 年，BP 公司共实现了 750 万吨 CO_2 当量的温室气体减排。壳牌公司确定了 3 种在生产运营中减少碳排放的方式：一是提高能源利用效率，包括改进生产运行、进行相关投资以提高炼厂和油气生产装置的运行效率，进一步降低气体燃烧排放；二是提高碳捕获和储存能力；三是继续在基础性研究和开发方面投资，开发新的、突破性技术，以进一步提高能源效率、减少排放。

（2）有选择地发展低碳能源业务，降低整体碳强度。

BP 公司选择"能够满足长期能源需求，并能为公司带来长期增长潜力的投资"，发展了风力发电、太阳能和生物燃料业务。壳牌公司将低碳能源业务的发展重点放在车用先进生物燃料及氢燃料、用于发电的风力和薄膜太阳能等最具发展前途的技术上，并正在尽力降低这些燃料的成本。事实上，国际上重要的跨国石油公司几乎都投资了不同类型的新能源（表 12-1）。

表 12-1　国际石油公司对新能源的投资方向

公　司	风电	光伏	燃料电池	智能电网	储能电池	生物燃料
埃克森美孚公司			√			√
BP 公司	√					√

续表

公　　司	风电	光伏	燃料电池	智能电网	储能电池	生物燃料
壳牌公司	√	√	√			√
道达尔公司	√	√	√	√	√	√
雪佛龙公司	√	√				√

在低碳技术开发方面，BP 公司规划了 20 个重大技术计划，包括非常规天然气、太阳能、生物燃料和碳捕获与储存等。2008 年 BP 公司在低碳技术领域申请的专利涵盖生物燃料、碳捕获及埋存以及氢膜。

（3）提供高效清洁产品及服务，降低社会整体碳排放。

基于提高消费者能源利用效率，降低社会碳排放的目的，BP 公司与车辆和设备制造商开展合作，以提高其燃油和润滑油产品的总体使用效率。壳牌公司在帮助消费者降低碳排放方面确定了两种方式：一是开发低碳能源，包括增加天然气供应、开发生物燃料等运输燃料；二是通过提供先进的壳牌公司燃料经济性计算方式、改善壳牌公司燃料和润滑油、帮助消费者改变驾驶习惯等途径，帮助运输和工业消费者使用更少的能源、排放更少的温室气体。

（4）为低碳技术、政策方面研究提供资助并开展合作。

BP 公司于 2008 年参与了美国的能源生物科学研究所项目，在 10 年内向该项目投入 5 亿美元；同年，BP 公司与中国科学院共同投资 7300 万美元，成立了清洁能源商业化中心，并延长了对美国普林斯顿大学"减碳行动"的资助。BP 公司是英国能源技术研究所的创始赞助商，年度赞助额最高达 500 万英镑。壳牌公司与公共及私人机构进行合作，其参与的组织主要有：亚洲城市清洁空气行动组织、减少天然气燃烧全球伙伴关系、世界自然保护联盟等。

（5）积极布局碳交易，形成集团层面的统一管理机制。

BP 公司加入了欧盟碳排放权交易体系，随着各个国家和地区政府的管制，BP 公司又陆续加入了澳大利亚、新西兰、美国加利福尼亚州、中国的碳排放权交易体系。BP 公司每家实体企业都有一个碳排放工作组和管理委员会，由政策法规、合规、策略、交易、财税、采购、销售、法律、宣传和系统建设方面的成员组成，企业具体负责温室气体的监测、报告、核查（MRV）和企业所在区域碳排放控制履约。BP 公司总部在碳减排解决方案、新技术及新合作模式、全球碳减排交易、安全及操作风险四大方面为 BP 公司下属企业提供支持服务；其中综合供应和交易（IST）部门对 BP 公司全球的碳资产价格变动风险进行管理同时，还设立全球排放的交易部门，目标是最小限度地降低 BP 公司集团合规的成本并且通过这种优化来最大限度地提高 IST 的收入。全球排放的交易部门分布于伦敦、新加坡和休斯敦，可以覆盖 BP 公司集团内履约企业的全球范围的交易需求，并对碳资产风险进行集中管理和屏蔽。

壳牌石油公司于 1998 年开展气候变化及其对壳牌公司全球业务潜在影响的研究，结论是气候变化方面的领导地位将是一个构建品牌和声誉的商业机遇，在与制定规则的政府进行谈判时握有发言权对公司十分关键。壳牌公司创建二氧化碳交易平台，参与先于欧盟碳排放权交易体系运行的丹麦和英国的排放权交易体系。控排企业的参与战略使减排责任在最低成本的基础上得到履行。成立了一个由高级主管领导的新的二氧化碳部门，该部门的重要任务包括参与制定壳牌公司的二氧化碳战略并开发支撑该战略的相关技术。在实践中除满足集团内各自履约需求外，还将碳交易作为新的市场机遇，通过专业化碳资产运作获得额外的收益。

同时，充分利用欧盟交易体系的金融工具，石油公司都通过碳期货的置换，将分配到的碳资产盘活，其资金用于自身节能减排，降低履约成本。

（6）在低碳经济政策制定方面发挥积极影响。

BP 公司积极参加政策辩论，呼吁出台政策制定碳的价格，刺激可再生及低碳能源的发展。BP 公司曾向美国联邦政府、美国加利福尼亚州政府、澳大利亚政府和欧盟提交有关正式提议。壳牌公司在影响政府政策方面提出，要继续与政府、行业及非政府组织一起制定有效的政策。

从上述跨国石油公司的应对策略看，主要手段仍是以自身的节能增效、低碳技术研究、新的绿色能源方向探索等为主，这也是企业自身发展所必需的，同时恰当利用金融工具解决资金问题，充分利用并影响政策，恰当宣传提升企业形象，为企业争取更好的市场环境。

碳披露项目（CDP）报告的另一重要部分是公司治理、风险与机会及石油石化企业生产经营（附件）模块，所涉及的章节为 CC0 至 CC6、CC15 以及 OG0 至 OG7。五大国际石油公司在这些板块上均披露了不同程度的信息，具体的相应章节请参见以下对标分析表（表12-2）。

这一部分的内容都和低碳管理系统及公司战略相关，五大国际石油公司都花了大量的篇幅来介绍，信息相比温室气体核算部分丰富了很多。而相比较 BP 公司、壳牌公司及道达尔公司等欧洲企业更为详尽的介绍，美国石油公司埃克森美孚公司及雪佛龙公司直接跳过了减排目标章节，在风险和机会上也介绍得较为简略，而是花了一定的章节介绍生产经营（附件）的情况，实际上是在顾左右而言他，这与其被动披露的战略和状态相关。

表12-2　对标分析表——公司治理、风险与机会及石油石化企业生产经营

CDP章节	CDP报告披露项	BP公司	壳牌公司	道达尔公司	埃克森美孚公司	雪佛龙公司
CC1 公司治理	是否披露管理层的温室气体减排责任	是	是	是	是	是
	是否描述公司的温室气体管理战略	是	是	是	是	是
	是否在公司内使用内部碳价作为项目决策及评估的指标	是	是	是	是	是
CC2 战略	如何参与温室气体政策制定	直接参与政策制定，交易商协会为研究机构提供资金	直接参与政策制定，交易商协会为研究机构提供资金	直接参与政策制定，交易商协会为研究机构提供资金	直接参与政策制定，交易商协会为研究机构提供资金	直接参与政策制定，交易商协会为研究机构提供资金
	参与了哪些主要交易商协会	油气行业气候倡议组织(OGCI)、国际石油行业环境保护协会(IPIECA)、国际排放贸易协会(IETA)	国际排放贸易协会(IE-TA)、世界可持续发展工商理事会(WBCSD)、国际石油行业环境保护协会(IPIECA)	油气行业气候倡议组织(OGCI)、国际石油行业环境保护协会(IPIECA)、国际油气生产商协会(IOGP)	国际石油行业环境保护协会(IPIECA)、国际油气生产商协会(IOGP)	国际排放贸易协会(IETA)、美国石油学会(API)
CC3 目标	是否有五年短期减排目标	是	否	否	否	否
	是否有中长期减排目标	是	是	是	否	否
	是否披露报告期内的减排项目	是	是	是	是	是
CC4 披露	除了CDP外，是否还有其他碳披露的手段	是，公司可持续发展报告	是，公司可持续发展报告、公司年报、企业社会责任报告	是，公司可持续发展报告、公司年报	是，公司年报、企业社会责任报告	是，气候风险展望报告、企业社会责任报告
CC5 & CC6 机会与风险	是否列明其气候变化的风险	是	是	是	是	是
	是否列明其气候变化的机会	是	是	是	是	是
	是否列明重点减排方向	是	是	是	是	是

续表

CDP章节	CDP报告披露项		BP公司	壳牌公司	道达尔公司	埃克森美孚公司	雪佛龙公司
CC5 & CC6 机会风险	重点减排具体方向是否列明	能效提升	是	是	是	是	是
		减少火炬气	是	是	是	是	是
		减少无组织排放	是	是	是	是	是
		热电联产	是	是	是	是	是
		碳捕获、利用和储存	是	是	是	是	是
		可再生能源开发—太阳能	是	是	是	否	是
		可再生能源开发—风能	是	是	否	是	是
		参与碳交易市场	是	是	是	是	是
		可再生能源开发—生物能	是	是	是	是	是
		核能	否	否	是	否	否
		氢能	是	是	是	是	是
		可再生能源开发—地热能	否	否	否	否	是
		新技术投资	是	是	是	是	是
石油石化生产经营（附件）	是否回复了附件油气产业模块问题		是	否	否	是	是

第二节　国内企业低碳发展路径

石油行业是中国重要的能源工业和基础原材料工业，具有子行业众多、品种丰富、工艺流程复杂等特点，产品广泛应用于工业生产、人民生活、国防科技等领域，对保证国家能源安全和粮食安全，促进国民经济和社会健康发展，促进相关产业升级和拉动经济增长都具有十分重要的意义。

自 1991 年以来，石油行业温室气体排放量总体上持续增长，平均年增长率在 6.5% 左右，在全行业温室气体排放量中位居工业部门第三位，排在钢铁行业和水泥行业之后。从石油行业不同部门对行业温室气体排放总量的贡献均值来看，化学原料与化学制品业占分量最重，其排放量超过了石油行业排放总量的 59.02%，其次是油气炼制加工业，约占石油行业排放总量的 19.99%，油气开采业排放的温室气体相对较少，占比约为 9.61%，但却高于石油行业下游化学纤维（5.02%）、塑料制品（3.34%）及橡胶制品（3.02%）等子行业。从不同能源对温室气体排放量的贡献来看，由煤炭、石油及天然气消费导致的直接排放量与由行业所需热力和电力在生产过程中的间接排放量大致相当。在直接排放中，由天然气消耗导致的排放量最小，约占 8.51%，煤炭、石油消耗导致的排放量分别约占直接排放量的 49.05%、42.44%。在间接排放量中，外购电力（尤其是火电）在生产过程中导致间接温室气体排放量呈现阶段性持续增长，年均增长率超过 8%。

从万元工业增加值的温室气体排放量（即排放强度）来看，1991 年以来石油行业温室气体排放强度呈现持续下降的趋势。从 1991 年的 41.9 吨 CO_2 当量/万元下降到 2010 年的 14.17 吨 CO_2 当量/万元，年均降幅在 5% 左右，充分显示了石油行业这些年来在节能减排工作方面的努力及成效。2013 年，石油行业万元工业增加值能耗比 2005 年累计下降 46.9%，超过同期全国万元工业增加值能耗降速 11.4 个百分点，为国家节能减排工作作出了重要贡献。但同时，石油行业也面临着能耗总量继续增长的严峻形势[1]。2013 年，全行业综合能源消费量首次突破 5 亿吨标准煤，达到 5.01 亿吨标准煤，同比增长 6.1%；相应地，石油行业在未来一段时间的温室气体排放量仍将呈现持续稳定的增长。

"十二五"时期，中国石油和化学工业联合会确立了"2015 年全行业单位工业增加值的二氧化碳排放量比'十一五'末下降 15%"的低碳减排目标。这一低碳化目标不但要求石油行业各子行业必须减少温室气体排放，同时还要求石油行业全生命周期过程都必须实现减

---

[1]　资料来源参见：http://roll.sohu.com/20140626/n401425484.shtml。

排。从石油行业产业链的核心环节——原油炼制来看，与发达国家相比，国内石化工业总体上装置规模较小、炼油厂平均规模较小、炼油综合能耗较高，与此相应的温室气体排放也会高于发达国家。从石油行业下游化学原料的制取及后期废物处置环节来看，不但自身排放一定量的温室气体，同时，其所生产的产品和开发技术对其他行业温室气体排放也有重要影响。

本章节就以中国石油、中国石化及中国海油为目标，具体分析其低碳发展路径及排放现状(如数据可得)。

一、中国石油

中国石油落实低碳发展路线图，从生产供给侧、经营需求侧和发展新动能等方面控制并减缓二氧化碳等温室气体排放，完善保障措施，取得新的进展。2017年发布了《低碳发展路线图》，认同全球气温升幅控制在2℃以内，致力于绿色低碳发展，并积极与社会共享温室气体控制实践。

中国石油作为油气行业气候倡议组织(Oil & Gas Climate Initiative，OGCI) 在中国的唯一成员，深度参与应对气候变化国际合作。在2016年发布的《OGCI 2040年低碳排放路线图》报告、《CCUS 商业化可持续发展方案》等联合研究成果基础上，2017年继续发布了《油气行业2100年净零排放情景方案》报告，并针对中国国情开展了"中国CCUS 商业化发展方案"研究，参与启动了"联合国CCAC—OGCI 全球油气行业甲烷排放实测研究"项目。

中国石油在低碳发展方面的战略主要有以下三个方面：

(1) 实施生产供给侧结构改革。大力发展天然气业务，积极发展新能源和可再生能源业务。

(2) 加快经营需求侧结构调整。加强能源消费碳排放管控，控制生产过程温室气体排放。

(3) 努力发展低碳新动能。积极发展碳捕集与封存，试点发展其他新兴产业。

中国石油结合自身企业社会责任及自身实际情况，设立了积极务实的低碳发展目标：

(1) 至2020年，单位工业增加值二氧化碳排放总量比2015年下降25%；力争炼化业务温室气体排放量实现达峰；绿色低碳发展和节能减排工作处于央企前列。

(2) 至2030年，持续增加天然气等清洁能源的供给，国内天然气产量占公司国内一次能源比例达到55%，天然气产能增加温室气体排放增幅得到有效控制；温室气体排放总量提前达到峰值。

(3) 至2050年，坚持低碳发展方向，低碳发展达到国际先进水平，为中国履行应对气候变化国际协议、控制温室气体排放作出重要贡献。

二、中国石化

中国石化制定了温室气体减排目标，并在内部固定资产投资项目可行性研究中增加能效评估和温室气体排放评估，以提升低碳发展战略的推动力。

中国石化的低碳战略主要体现在以下几个方面：

（1）能效管理。

持续推进"能效倍增"计划，2017 年共实施项目 452 项，预计每年实现节能 94.9 万吨标准煤。在建设项目评估中增加能效评估，提出合理用能建议，实施全过程节能管理。完成 17 家炼化企业的大机组、主要动力设备/系统的节能检测工作，挖掘节能潜力 31.5 万吨标准煤。加强余热使用，开展 3 个污水余热综合利用工程。2017 年万元产值综合能耗 0.496 吨标准煤。青岛炼化、广州分公司、镇海炼化和茂名石化获得国家能效"领跑者"标杆企业称号。

（2）碳捕集与利用。

中国石化持续开展油田、炼化企业二氧化碳捕集回收利用。2017 年，炼化企业捕集二氧化碳 27 万吨，其中，油田企业使用 19 万吨用于驱油。

（3）甲烷回收与减排。

中国石化加强油田伴生气、试油试气、原油集输系统等甲烷回收利用。加强管道储运设施日常巡护管理，优化管道运行，合理安排作业时间，减少施工期间甲烷排放。2017 年管道储运减少甲烷排放 426 万立方米。油田企业对采气、试气过程中的天然气以及套管气、油罐气进行应收必收、能收尽收，共回收甲烷约 2.2 亿立方米，相应减少温室气体排放约 330 万吨二氧化碳当量。

（4）积极减少火炬气排放。

中国石化追求安全运营和火炬零排放相统一，严格禁止随意排放和燃烧火炬。上游企业在保证安全前提下，减少火炬气消耗，针对新井优化测试放喷方案，减少放喷燃烧。2017 年，公司乙烯、芳烃装置等回收火炬气量达到 43 万吨。

（5）发展可再生能源。

中国石化探索和试点太阳能工业应用，2017 年开展 3 个分布式太阳能光伏发电工程。优化发展生物质能，加注中国石化 1 号生物航空煤油的海南航空 HU497 航班波音 787 型客机成功实现跨洋飞行，生物航空煤油商业化应用取得新进展。中国石化已启动镇海炼化 10 万吨/年生物航空煤油加氢装置建设工程，计划 2018 年底建成中交。未来，中国石化将统筹利用国内外生物质资源和市场网络，与各航空公司深入合作，同时继续加强与国内外优势企业合作，积极发展非粮生物燃料，努力成为国内先进生物燃料行业领先者。

三、中国海油

中国海油加入联合国全球契约，并做出积极减缓气候变化的承诺，承诺的内容包括国际合作、提高能效、采用新节能技术、能力建设、发展新能源等。

但从文献实际调研中，相比中国石油及中国石化，中国海油的碳排放数据及相应披露非常欠缺，同时，也未公布其减排目标及策略。

第十三章　石油工业碳资产管理实践

第一节　大型能源集团碳资产管理主要目标

作为大型能源集团，在国际国内碳约束形式下，石油工业集团亟须进一步规范集团公司内部各控排企业的碳配额经营管理，深入挖掘公司内部各新能源、可再生能源企业的碳资产价值，提高碳资产专业化管理水平，发挥集团统筹协调和监督落实职能。统筹碳资产交易管理，不仅要统筹碳资产在近期和远期的合理配置，更要统筹碳资产在各区域与各企业间、在碳减排信用层面和配额层面的合理配置。

随着碳约束时代与全国碳市场的来临，配额已成为大型能源集团的重要资产，集团的碳排放管理水平将直接决定集团下属控排企业在全国碳市场中的表现。碳排放管理的主要目标如下：

（1）提高集团自身碳排放控制和管理能力；

（2）有效应对碳交易各项工作的合规履约要求；

（3）提升参与碳市场交易的能力，保证集团碳资产的保值增值。

第二节　碳资产管理体系的建设路线

为实行上述碳排放管理主要目标，建议大型能源集团的碳资产管理体系建设应遵循"四项统一"的设计原则，即统一管理，统一核算，统一报送，统一交易。

在建设过程中要实现"三个确保"来有效达成主要目标：

（1）确保集团公司全面履行国家各项碳排放控制标准；

（2）确保集团公司全面高效参与全国统一碳市场；

（3）确保集团公司碳资产收益最大化。

建设路线的搭建是在集团公司的管理指导下，通过制度保障和信息化管理手段，搭建主管部门（或碳排放管理二级公司）、各区域公司、项目单位组成的三级集团碳交易支撑体系，并明确界定各级界面的职责和分工。

第三节　体系框架及创新思路

按照"统一管理、统一核算、统一报送、统一交易"的设计原则，大型能源集团开展碳排放管理的核心内容包括碳排放数据管理、碳资产管理与碳交易管理，具体框架如图13-1所示。

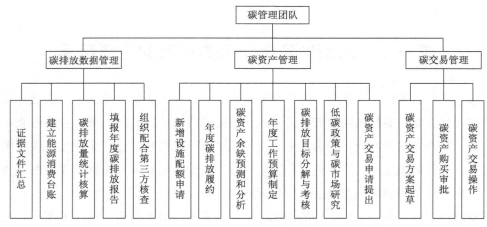

图 13-1　能源集团开展企业碳排放管理体系框架

为实现上述碳排放管理内容，全面提升管理水平，从"四个统一""三个确保"的原则出发，本书分别从预算及计划管理、信息共享制度、集团碳资产调配、仓位管理、交易策略等方面提出大型能源集团碳排放管理体系的建议及创新思路。

（1）在预算及计划管理方面，可建立大型能源集团控排单位的碳排放权年度预算制度和新能源、可再生能源单位的 CCER 项目开发计划制度。利用指数法、交易平均价法等方法计算配额短缺单位的履约预算资金，并形成预算申报制度；利用基准价法、交易平均价法计算 CCER 项目碳收益，并形成 CCER 项目开发计划制度。通过以上制度建立，能全面真实地掌握集团所有碳资产（含碳排放配额及 CCER），合理、灵活配置集团碳资产，制定集团内碳资产调配方案，进而制定不同阶段交易策略，进行有效的仓位管理，最终实现集团碳资产管理的任务目标。

（2）在信息共享制度方面，可建立集团控排单位的能源消耗、产品产量等碳排放相关数据和新能源可再生能源单位的 CCER 项目开发进度等信息定期通报及部分共享制度。以上制度建立，能实时动态地掌握各控排单位配额盈余情况，结合碳市场及集团整体配额盈余，正确预估价格走势，制定不同阶段交易策略，做到合理、灵活配置集团碳资产，将被动监督转变为主动积极实现集团碳资产的保值增值。

（3）在碳资产调配方面，可建立集团内碳资产调配方案，将集团下属所有控排单位的碳排放配额纳入配额交易仓中，进行统一调配。因各控排单位的配额盈亏情况各有不同，通过集团内部碳配额资产调配可实现最低成本履约。对于具体的配额调配，将由集团统一管理部门或碳排放管理二级公司对集团范围所有控排单位当年的既有配额量、新增配额量、实际排放量进行实时统计汇总，并结合当年 CCER 签发的情况，对集团整体的配额盈亏情况进行分析，在保证各参与主体利益的前提下最终制定集团内部碳资产调配的整体方案。

（4）在仓位管理方面，可建立"FACE 四仓统一管理"机制。其中，配额交易仓（A 仓）与 CCER 仓（E 仓）统一管理，是确保集团碳资产最优配置的基础；交易资金仓（F 仓）与 A 仓、E 仓统一管理，是适应市场化交易体系的必要条件；履约配额保障仓（C 仓）与 A 仓、E 仓统一管理，是控制集团履约风险的保障。

同时为了有效控制集团履约风险，本书创新性地设计了履约配额保障仓（C 仓），设计思路如下：

① 建仓目的：集团履约风险控制，防止在交易仓管理过程中，因突发事件导致配额不足而不能按期按量履约。

② 建仓思路：控排单位从年初发放的免费配额中提取一定比例（例如 1%）统一交由集团统一管理部门或碳排放管理二级公司管理，建立履约配额保障仓。

③ 保障仓管理：

a. 约定管理期限（例如 3 年）；

b. 约定一定比例的仓位浮动（例如 10%），在浮动区间可以进行操作；

c. 任何控排单位因突发事件导致配额不足部分，履约期可从保障仓借用，履约期结束后在约定时间低息归还借用量（需确定测算依据及利息）；

d. 管理期末归还各控排单位，操作及借用利润由集团统一管理部门或碳排放管理二级公司获得。

（5）在交易策略方面，可根据各控排单位碳配额盈亏状况，按照国家、地方管理要求，制定基本交易策略及编制合理的集团内部交易方案。

基本原则是统一交易，集团统一管理部门或碳排放管理二级公司对集团控排单位碳排放配额、CCER 和国家碳排放权交易注册登记系统下账户（国家登记簿账户、交易账户、履约账户等）实施集中管理、统一交易。同时，集团内调配优先、市场购买为辅。

实现路径是由集团专业团队及人员对各控排单位配额进行统一管理，统计集团及各控排单位的碳资产盈余情况，并通过配额交易、配额/CCER 互换操作等手段，实现集团内部调控，抵御集团下属控排单位碳交易经验不足、抵消机制理解不明及置换操作空白等造成的未能合规履约及高成本履约的风险。

第四节　集团碳资产管理及措施建议

一、总体思路

集团确定碳资产管理思路，必须要以国家政策方针为总指导，立足集团公司业务实际和绿色低碳发展需要，通过深刻了解国际和国内碳市场发展趋势，建立适度超前、具有可操作性的碳管理体系，提升集团公司碳管理能力。

二、管理目标

集团碳资产管理需要具备可行性和可操作性，需要具备战略性及可持续性。为保证目标实现需要注意以下事项：

（1）建立与集团公司整体发展目标相匹配的、高效灵活的碳排放管控体系；

（2）形成与集团公司绿色高质量发展方向相适应的碳指标分解和披露体系；

（3）制定有利于集团公司经营发展的碳金融操作方案。

三、措施建议

集团碳资产管理体系建立的主要措施建议如下：

（1）完善现有碳排放管控体系。

① 明确碳排放管理定位，从集团层面要明确管理主体，应将管理目标纳入公司整体战略；

② 在现有基础上，对集团内部的碳排放管理现状进行全面调研与系统评估，对标同类企业的碳排放管理经验，总结问题，制订解决方案与措施；

③ 建立健全可操作的碳管理制度，优化相关管理流程（如填报报送、配合核查、履约交流等），探索具有自身特色且可复制的碳资产管理模式。

（2）建立有一定前瞻性的碳风险管理制度。

① 进一步进行政策跟踪与企业内外部对标，对国内外相关政策、在碳管理领域先进企业案例进行系统梳理与分析；

② 注意能耗成本与排放成本（或减排成本）间的联系与区别，充分发挥企业碳管理在成本控制与运营改善方面的效用；

③ 进一步加强与碳管理相关的环境信息披露力度；

④ 加强与国内外同类企业间在碳管理方面的交流与合作，在对标同时，学习借鉴先进经验，在集团与生产企业层面进行有效的能力建设；

⑤ 碳管理要覆盖海外资产，因为海外资产本身面临管控要求，需要对当地碳约束政

策及形式有充分了解，同时注意在"一带一路"倡议中展示负责任大国形象、制定相关碳排放披露的管理制度。

（3）抓紧研究碳金融管理方案。

① 进行统一、灵活、高效、透明的碳排放权资产化管理，如减排项目、减排方法学开发，碳金融产品等的研究执行制度；

② 参与碳盘查标准的完善和配额分配方式测算，争取对集团公司更有利的分配结果；

③ 参与推动自愿碳市场发展，例如林业碳汇、驱油 CCER 等的市场培育；

④ 加强国际化，充分利用 OGCI 合作契机，将 OGCI 的计划/路线图与集团碳资产管理结合；注意借鉴国际经验，提升集团话语权。

四、保证机制

（1）组织保障。

集团公司牵头，比照 BP 公司、中国石化等先进同类企业的碳资产管理模式，成立碳资产管理领导小组，推动集团公司碳资产管理体系建设。安全环保部为牵头执行机构，明确碳资产管理与各相关业务部门的关系，特别是与节能规划等相关部门的配合方式，建立灵活高效的碳资产组织架构。

（2）资金保障。

依照确定的碳资产管理体系，明确各环节的资金需求及归口单位，优化减排相关的投资或费用的制度安排，形成更加高效市场化的资金管理制度。

（3）政策保障。

集团层面出台碳资产管理制度文件，建立明确的沟通汇报机制，确保碳资产管理各环节的责任明确，建立与完善激励与约束机制。

（4）风险管理。

定量分析风险敞口碳资产价格变化对集团公司经营发展的影响，关注市场变化，及时调整应对策略。

第五节　碳资产管理体系制度建设建议

依托上述石油工业相关集团企业开展碳排放管理的基本原则、框架及创新思路，需要逐步建立集团碳排放管理的组织体系和制度体系。本书对集团建立碳排放管理体系制度建设提出以下建议：

第一，建立集团低碳发展战略规划。首先，应积极跟踪国际、国家及行业政策，即行业排放标准、政策适应程度等，分析集团核心战略、发展现状与国家、行业低碳减排政策的关联度；其次，深入对比本集团同其他具有一定影响力的国内外同行业企业的低碳工作内容及碳排放数据，开展对标；最后，将碳排放管理同公司发展战略结合，结合上述分析结果，提出集团低碳发展目标，制定集团低碳发展战略规划。提出跨部门战略协调机制及配合规划的中短期指标和资金安排建议。

第二，建立集团开展碳排放管理的组织体系架构。明晰集团碳排放管理的组织架构，明确主管机构及各参与机构，确定所有机构的职责边界及主要职能，并指定主要负责人；在上述架构完成设立后，需要建立清晰的沟通机制和信息报送机制。在架构明确的前提下，开展碳排放管理制度体系的研究和建设，规范集团碳排放管理工作，并将相关内容在制度设计中体现出来。

第三，建立集团碳排放管理制度体系。目前大型能源集团基本建立了碳排放数据统计核算体系，需要建立健全的碳排放管理体系，围绕集团碳资产管理、碳交易、CCER 开发管理、碳信息披露、奖惩考核及监督、风险控制等重点任务及重要环节，在集团利益最大化的基础上兼顾控排单位及项目单位的利益诉求，制定符合集团发展特色和实情的科学有效的管理制度体系。

针对集团碳排放管理中涉及的碳排放数据报送、第三方核查、排放配额核定与发放、配额管理和履约、交易管理等重要环节及流程，应制定对应的管理办法，主要包括《碳交易管理制度》《二氧化碳核算、报告与核查管理制度》《碳排放权抵消管理实施细则》等。此外，根据集团实际情况，一套完整的碳排放管理制度体系可能还包含《碳排放信息披露管理办法》等，对碳排放信息费的披露内容、披露范围、披露频次等进行规定。完整的制度建立才能保证集团对履约期内各环节实现闭环管理，真正做到开展碳交易、参与碳市场、实现碳排放管理有章可循。集团碳排放管理制度体系的构成及设计要点见表 13-1。

表 13-1　集团碳排放管理制度构成及设计要点

编　号	构　　成	要点与问题
1	总则	适用范围：集团各分公司、子公司(含全资或控股公司、项目公司，包括直接或间接持有超过 50%股权或在董事会享有多数表决权的有限责任公司、股份有限公司、合资企业、合作企业等)
		适用于国内碳交易管理
		遵守国家和各个分公司、子公司所在地的相关法律法规
2	组织管理与职责	集团公司负责碳交易活动的综合协调和监督
		碳资产管理公司负责配额交易仓、交易资金仓、履约配额保障仓和 CCER 仓的运行与管理
		控排单位与碳资产管理公司实行碳交易账户托管
		CCER 项目公司与碳资产管理公司实行 CCER 交易账户托管
3	交易账户管理	CCER 项目开发计划制度(年度 CCER 资产预算的形成机制，基准价法、交易平均价法等等)
		控排单位碳交易账户托管制度
		CCER 交易账户托管制度
		交易资金账户托管制度
		履约配额保障仓制度(是否必要，保障配额比例为多少)

编　号	构　　成	要点与问题
4	信息共享	控排企业实际排放量月度数据分享机制
		控排企业碳排放核算与报告、核查数据分享机制
		CCER 备案进度分享机制
5	履约	交易账户与履约账户的配额、CCER 划转机制
		收益分享机制
6	风险控制	交易流程的制定与完善机制
		重大决策的风险控制
		重大交易的风险控制
7	考核与监督	碳资产管理公司的期末考核制度（期末配额、CCER 资产评价）
		控排企业的期末考核制度（期末配额资产评价）
		CCER 项目公司的期末考核制度（期末 CCER 资产评价）

第四，加强碳排放管理的能力建设。培养专业人才，加强企业内部碳排放核算及数据上报、管理能力，是落实管理体系并使之得到有效执行的保证。加强集团下属各新能源、清洁能源企业碳资产管理机构的能力建设，加强企业内部项目管理能力，降低集团履约成本。重点开展"碳交易理论与碳市场发展""控排企业参与碳交易和温室气体管理体系建设""碳资产管理实践"和"碳市场创新与实践"等模块的培训工作，打造集团公司碳排放管理人才体系队伍。

第六节　石油工业集团企业碳交易策略

当二氧化碳排放成为一种产权时，拥有它，便是资源。资源是企业能力的来源，企业能力是竞争力的来源，竞争力是核心竞争力的来源，核心竞争力是持续竞争力的来源，持续竞争力是优势的来源，企业优势是超额利润的来源，故在这样的低碳理念的大背景下，在碳排放权交易市场不断壮大的现状下，企业摸索制胜的碳交易参与的策略其必要性和重要性已显而易见。集团企业碳交易策略制定的原则及注意事项如下：

（1）从企业开发技术自我减排和购买减排权的策略衡量。

碳排放权交易和其他商品交易的本质是一样的，低买高卖，现在的情况，已知政府会在不久的将来要求企业碳减排，或许是通过配额形式，或许是通过税收形式。我们先来做这样一个假设：未来排放二氧化碳将会需要支付成本。该假设意味未来盈余二氧化碳排放权企业可以卖该产品，而缺少的可以买。企业所面临的策略即为：何时买，何时卖，能使企业获得的利润最大。

从经济发展的一般规律以及中国越来越巨大的减排压力角度出发，在当前碳排放权交易价格还处于低位时选择自主开发，不失为一种很好的策略。

（2）从企业战略层面考虑策略。

据世界银行统计分析，从 2007 年到 2030 年世界一次能源需求的增长中，化石燃料占 77%，其中，石油需求从 2008 年的 8500 万桶/天增长到 2015 年的 8800 万桶/天，预计 2030 年增长到 1.05 亿桶/天，石油需求的高速增长势必会导致石油需求的枯竭。

企业如果依赖碳排放较多的石油作为主要燃料，石油枯竭和国家战略性储藏将指日可待。对于这些企业而言，研发使用新能源，开发利用燃料替代技术，已然超越了环保的话题，成为真正涉及企业自身生存与否的一个重大要素。现在的世界竞争格局已经进入了超级竞争格局，市场的假设已经被不稳定性和变化的观念所取代，在环保观念日益盛行的今天，二氧化碳等温室气体的过多排放，不仅会增加企业未来的有形成本，同时也对企业品牌构建造成冲击，所以对于那些能源消耗大，对于石油需求大的企业，即便在计算边际成本上，开发技术的成本高于碳减排后的交易价格，从长远战略角度考虑，企业也应当进行自我减排，开发减排技术，开发新能源，毕竟这一部分的经济利益损失，将会在未来获得补偿，并且增强企业软实力。

（3）从企业之间博弈考虑碳交易策略。

假设政府为企业 A、B 的配额都是 100 吨，A、B 都需要再减排 100 吨。A 的减排技术比 B 要先进，A 的减排成本是每吨 50 元，而 B 却需要每吨 150 元（该数值与欧盟减排成本和中国减排成本相近）。A、B 都有两个选择：自减排或者购买。市场价格（m）有三种可能性：大于 150 元，小于 50 元和处于两者之间。

① $m>150$，我们取 200 为例：

由于 $m>150$，故 $100m>15000$，当市场价格比减排技术低的企业进行自减排的价格都要高时，A、B 企业都会选择进行自减排。

② $50<m<150$，我们取 100 为例：

该情况下，A 企业选择自减排，而 B 企业选择购买。

③ $m<50$，我们取 40 为例：

当市场价格低于企业 A、B 当中较低一方的自减排成本时，两企业都不会选择自减排。因而，（4000，4000）是企业 A、B 的最优策略，即双方都选择购买。

由于①和③的这两种情况比较极端，而且在目前的背景下，已经不存在，我们就来考虑当价格介于 50 元和 150 元之间，（5000，10000）是企业 A、B 的最优策略，但容易发现，B 始终比 A 多付出 5000 元的成本代价。

假设企业 A、B 互相敌视，实现减排目标，最理想的一种状态为企业 B 和企业 A 一样需要付出 5000 元的成本。而企业 A、B 合作共同实现减排目标，双方都只需付出 3000 元成本，与(5000，5000)相比，（3000，3000)更具有帕累托优势，它使双方共同的成本降低，也不损害任何一方的利益。落后企业会不断学习先进企业的方式，以及寻求和先进企业合作，极力改变自己的竞争地位；在这样的碳交易市场上，合作比独立研究更快有成果，并且能运用于市场。而先进技术企业可以通过与落后企业的合作，在合作过程中，相应地获得碳减排量。目前，碳市场主要包含两个子市场，一是技术换资源市场，另一个是联合减排市场。企业可通过分析外部的环境和企业自身状况，选择其中一种，技术换资源一般适用于合作双方在技术上差别比较大的企业，联合减排比较适用于企业性质类似的企业，甚至可以是上下游企业之间。

（4）从企业参与碳交易领域选择策略。

对于企业来说，直接参与碳交易一方面可以减排，另一方面可以购买减排权；除此之外，还可以间接参与，通过投资碳交易来参与和开发这片浩瀚的蓝海。

投资领域主要有六大方式：

① 直接投资碳交易相关资产，作为股东或是合伙人。

② 投资以碳交易为主要获利来源的碳基金。

③ 自行设立碳基金，成为买家。

④ 经营减排项目咨询公司，咨询公司致力于可开发减排的工厂项目，项目主要产生减排量卖给需要的企业或基金公司。

⑤ 直接开发减排项目，石油行业的减排类项目较多，应大力开发减排项目。

⑥ 主导或参与发起碳交易所，中国石油作为天津排放权交易所股东，有天然的优势主导集团的碳资产管理业务的发展方向。

具体到碳交易策略的制定，要点如下：

① 采用"过度谨慎策略"，储存多余配额以备未来使用并只出售那些肯定不需要用到的配额。

② 采用"交易员策略"，根据预计的价格走势交易碳配额。如果预计价格会下滑，则先出售，后购买；如果预计价格会上升，则先购买，后出售。

③ 配额不足企业需避开履约期前后购入配额平仓行为，防范可能面临的碳价飙升的风险，需计算相应的短仓，定期根据历史短仓加上未来确定的排放量购买配额。

④ 配额富裕企业需防范资产贬值缩水的风险，在有多余配额的季度出售多余配额。

⑤ 储存配额取决于持有成本和对市场未来碳价格的预判。当碳市场总体配额盈余或排放企业盈余，考虑售出配额。

⑥ 当市场配额流动性差，且配额价格高于 CCER，使用较便宜的 CCER 置换碳排放配额。

由此可见，集团企业参与碳交易，对于企业而言，可预见的利益有很多。诸如，新能源开发、技术的提高，这些带来的是有形资产；而品牌打造、社会形象的塑造，带来的是无形资产。不可忽视的是碳排放权交易市场与企业的经济发展密不可分，尤其是碳交易策略的制定对企业的碳资产管理乃至企业发展的重要作用。

第七节　碳资产管理的实践模型

广义的集团企业碳资产管理包含以下几部分，主要实践模型参考如下：

（1）设立碳资产管理部门。

全国碳市场启动后，碳资产管理将成为企业的一项常态化工作。建立完善的碳资产管理体系是控排企业应对碳交易政策的重要抓手，首先应从顶层设计入手，在企业层面设立或明确碳资产管理部门。

碳资产管理部门的主要职责包括：

① 制定企业的低碳发展规划。在企业管理层的统筹下，编制企业的低碳发展规划。

② 研究碳市场的最新动向。跟踪国内外碳市场动向，进行专题研究，保证企业能够及时、准确地获取碳市场最新信息。

③ 统筹碳资产开发和购销。在国际、国内两个市场间，在企业内部和企业外部以及在现在和未来之间统筹安排。

④ 统计企业碳排放。负责企业碳排放的统计工作。

⑤ 管理企业碳配额。

（2）研究企业低碳发展策略。

合理地进行企业低碳布局是决定企业未来在全国碳市场中能否保持竞争力的根本，也关系到企业未来能否真正形成低碳发展的模式，企业应该将低碳发展纳入企业的规划中。

（3）碳排放数据管理。

碳排放数据管理水平是控排企业分析配额供给与需求的数据基础。为了详细掌握企业碳排放的实际情况，企业需要建立内部碳排放核算体系。要明确各职能部门的统计及核算职责，做好数据记录、存档与内部校核工作。

（4）碳资产管理。

狭义的碳资产管理主要包含以下内容：

① 碳配额管理；

② 考核体系构建；

③ CCER、CDM、VER 等项目开发；

④ 碳资产调配（集团内部）；

⑤ 碳金融创新（碳债券、绿色金融债券、碳配额质押贷款、碳配额回购融资、CCER

质押贷款、碳基金、碳信托、碳配额托管、碳排放权现货远期等）；

⑥ 海外碳资产管理。

（5）碳交易管理。

对于石油工业集团而言，其排放量较大，因此应该基于利益最大化的原则对碳资产进行交易，即在企业总体配额有盈余的情况下，出售配额获取最大效益；在企业配额不足的情况下，以最低成本完成履约。

（6）碳管理信息化。

企业的碳配额管理、碳排放核算、碳配额交易、年度履约、地摊解决方案和碳信息披露等环节将产生大量的信息及数据流，需要处理的数据量较大，企业应开发碳管理信息系统，从根本上实现碳排放数据的高效、准确、最优化处理。

（7）碳管理信息披露。

企业做好碳信息披露工作将有助于更好地提升企业绿色形象和品牌价值，满足再融资需要和降低融资成本。开展碳信息披露也将促进企业碳管理能力建设，提高企业对碳排放和碳资产的管理能力。

（8）碳管理能力建设。

碳管理作为新生的管理工作，具有较强的专业性和一定的风险性。碳管理工作的有效落实，需要通过企业内部低碳能力建设系统推进岗位人员碳管理业务能力的规范化、专业化、系统化。最终通过碳资产能力建设来实现企业碳排放管理岗位的相应人员在低碳发展战略、碳排放权交易等方面的能力提升。

第十四章　碳资产管理小结

全国统一的碳排放权交易市场已于 2017 年底启动，电力行业率先实施，石油石化、化工、水泥、电解铝、钢铁、电力、有色金属(铜冶炼)、造纸、航空等行业将陆续实施。自 2013 年 6 月深圳环境交易所鸣锣开市，到目前为止，陆续已有 9 个国家或地区认可的交易试点(北京、上海、天津、重庆、深圳、广东、湖北、四川、福建)。通过国家碳交易试点省(市)的运行，总体运行尚可，企业履约率较高，尽管各试点地区交易价格波动较大，但企业和政府都从中获得了不少宝贵经验；参与的控排企业大多也积极应对，配合试点省(市)政府的减排计划，通过加强企业自身的碳排放管理建设、完善企业基础台账、加强节能技术改造等手段，有效地控制碳排放量，化被动为主动，为企业的低碳发展摸索出符合自己公司特色的道路，降低履约成本，确保企业的市场竞争力。

国家免费发放给企业的碳配额在市场上是有一定价值的，具有金融属性，故可称为碳资产。碳配额可以交易买卖，还可衍生出多种融资工具，为贷款融资困难的高能耗的企业在融资方面可能拓展出一条新的道路，有很大的操作性，并可以通过有效的管理，让碳资产盘活并产生效益，更好地为企业服务。

碳排放权交易市场是政策催生出来的市场，对于国内绝大部分企业来说，碳排放权的概念及交易策略都十分陌生，对政策及相关规定的解读十分有限；如何应对政府及政府委派的第三方核查机构、如何整理及优化企业内部数据、如何保证企业利益最大化等等，绝大部分企业毫无经验，也无从下手，这种情况下仓促应对，难免有所疏漏，一旦疏漏，有可能会给企业带来不必要的损失及风险。

中国的碳交易市场体系的构建及交易规则等是以欧美国家的市场体系及交易规则为基础的，所以选择熟悉国际交易市场及规则、实操经验丰富的资深专家合作是极其重要的，可以达到事半功倍的效果，使企业更快地适应碳交易市场环境，利用专业人士的多年实际交易及操盘经验，帮助企业规避风险，少走弯路，减少经济损失，提高企业的市场竞争力。

企业应该从思想上高度重视、技术上尽可能创新、行为上严格执行碳资产管理，最大限度实现企业碳资产的价值、降低履约成本、提高企业市场竞争力。

参 考 文 献

Assessment of the life cycle greenhouse gas emissions of goods and services：PAS 2050：2011［S/OL］．［2011］．
  https://shop.bsigroup.com/Browse-By-Subject/Environ mental-Management-and-Sustainability/PAS-2050/
  PAS-2050-1/．

Greenhouse gases-Part 1：Specification with guidance at the organization level for quantification and reporting of
  greenhouse gas emissions and removals：ISO 14064-1：2018［S/OL］．［2018-12］．https://www.iso.org/
  standard/66453.html．

Greenhouse gases-Part 2：Specification with guidance at the project level for quantification，monitoring and repor-
  ting of greenhouse gas emission reductions or removal enhancements：ISO 14064-2：2019［S/OL］．
  ［2019-04］.https://www.iso.org/standard/66454.html．

IPCC. 2019 Refinementto the 2006 IPCC Guidelines for National Greenhouse Gas Inventories［M/OL］．
  ［2019-05］.https://www.ipcc-nggip.iges.or.jp/public/2019rf/ index.html．

Tayeb Benchaita. 2013. Greenhouse Gas Emission from New Petrochemical Petrochemical Plants［R］. IDB.

郭伟，2016. 全国碳市场建设进展及石化行业碳交易实践［J］. 中国石油和化工经济分析(7)：11-13.

刘长松，2015. 国外碳排放权交易与碳价波动对我国的启示［J］. 中国物价(9)：55-58.

骆瑞玲，范体军，李淑霞，等，2014. 我国石化行业碳排放权分配研究［J］. 中国软科学(2)：171-178.

牛亚群，董康银，姜洪殿，等，2017. 炼油企业碳排放估算模型及应用［J］. 环境工程(03)：168-172.

谢娜，李英芹，张芳，等，2010. 石油石化企业温室气体清单编制简析［J］. 油气田环境保护，20(4)：
  1-3.

中国标准化研究院，国家应对气候变化战略研究和国际合作中心，清华大学，等，2016. 工业企业温室
  气体排放核算和报告通则：GB/T 32150—2015［S］. 北京：中国标准出版社.